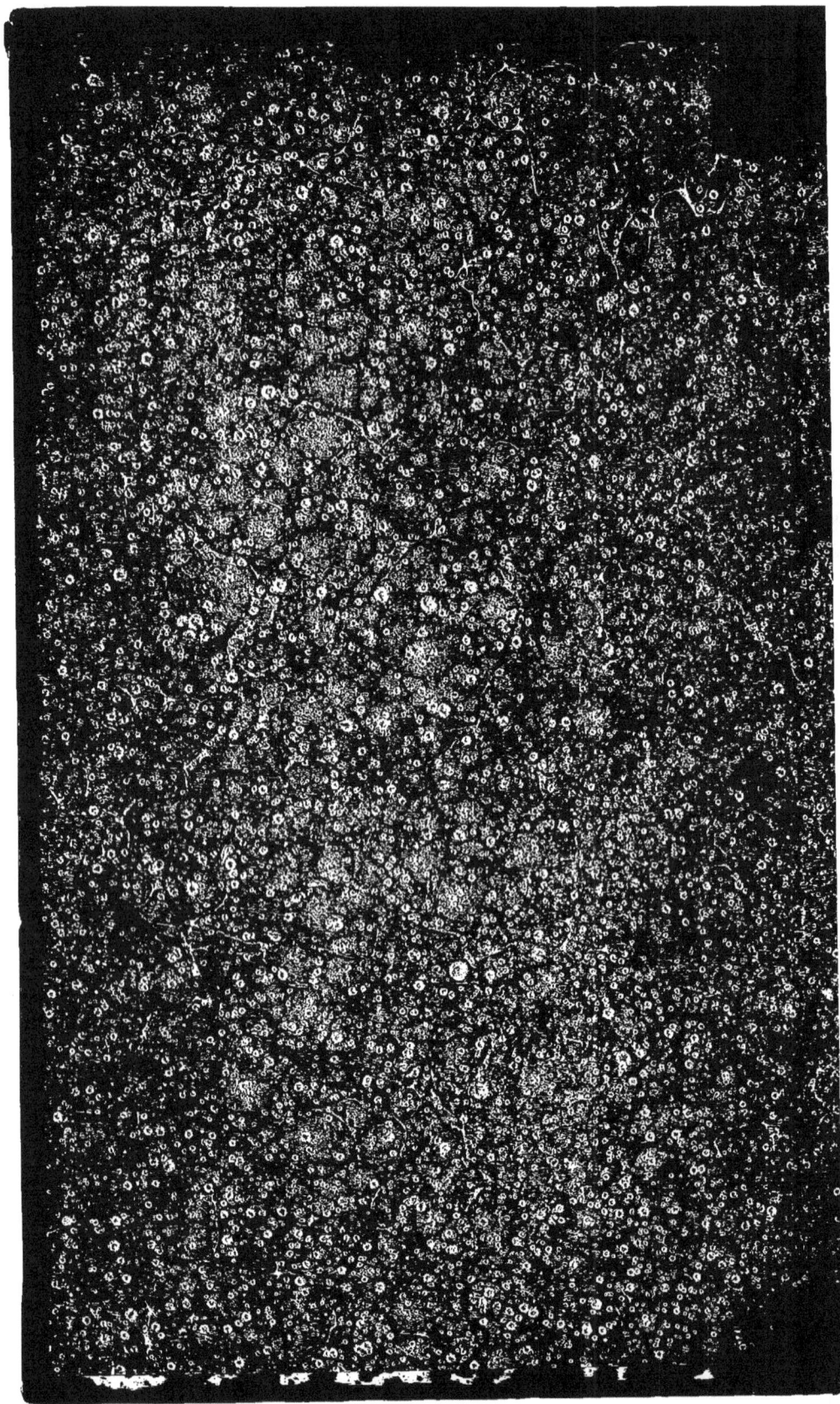

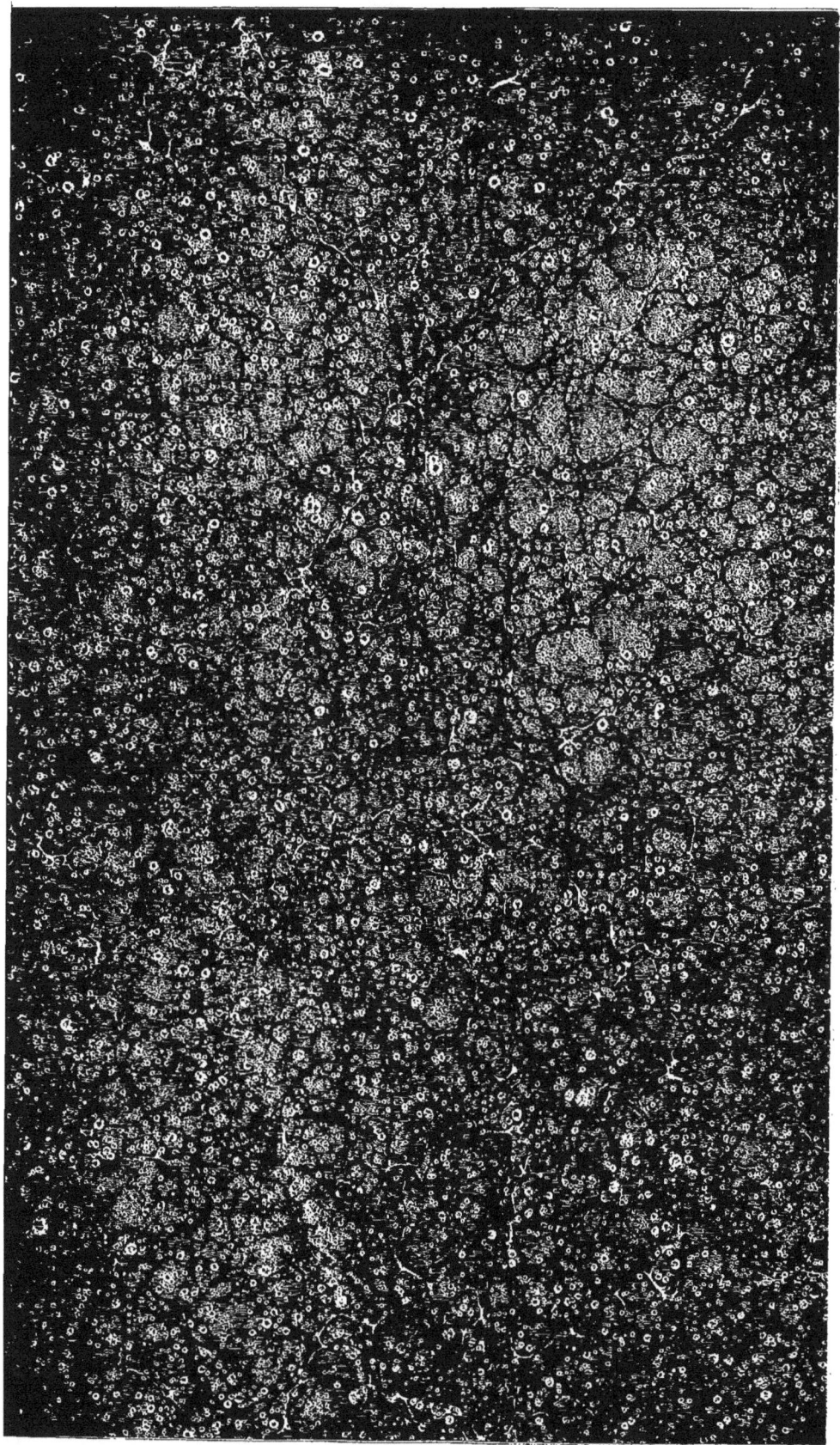

MONOGRAPHIE

DU CAFÉ.

IMPRIMERIE DE CARPENTIER-MÉRICOURT,
RUE TRAINÉE N. 15, PRÈS SAINT-EUSTACHE.

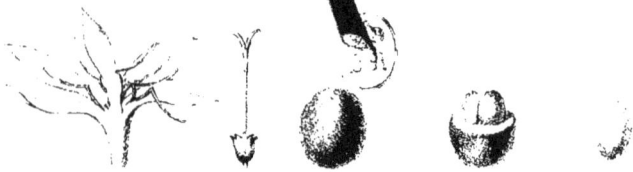

Branche de Cafier.

J. Marchand

Lith de Lemercier

MONOGRAPHIE

DU CAFÉ,

OU

MANUEL DE L'AMATEUR DE CAFÉ,

OUVRAGE CONTENANT

LA DESCRIPTION ET LA CULTURE DU CAFIER,

L'HISTOIRE DU CAFÉ,

SES CARACTÈRES COMMERCIAUX, SA PRÉPARATION

ET SES PROPRIÉTÉS;

Orné d'une belle Lithographie;

PAR G.-E. COUBARD D'AULNAY,

Ex-Élève de l'École spéciale de Commerce de Paris,

MEMBRE DE PLUSIEURS SOCIÉTÉS SAVANTES.

———

Cecy est un livre de bonne foy.
(MONTAIGNE.)

A PARIS,

CHEZ DELAUNAY, AU PALAIS-ROYAL;

Mme HUZARD, RUE DE L'ÉPÉRON, No 7;

ET L'AUTEUR, RUE BELLE-CHASSE, No 6.

1832.

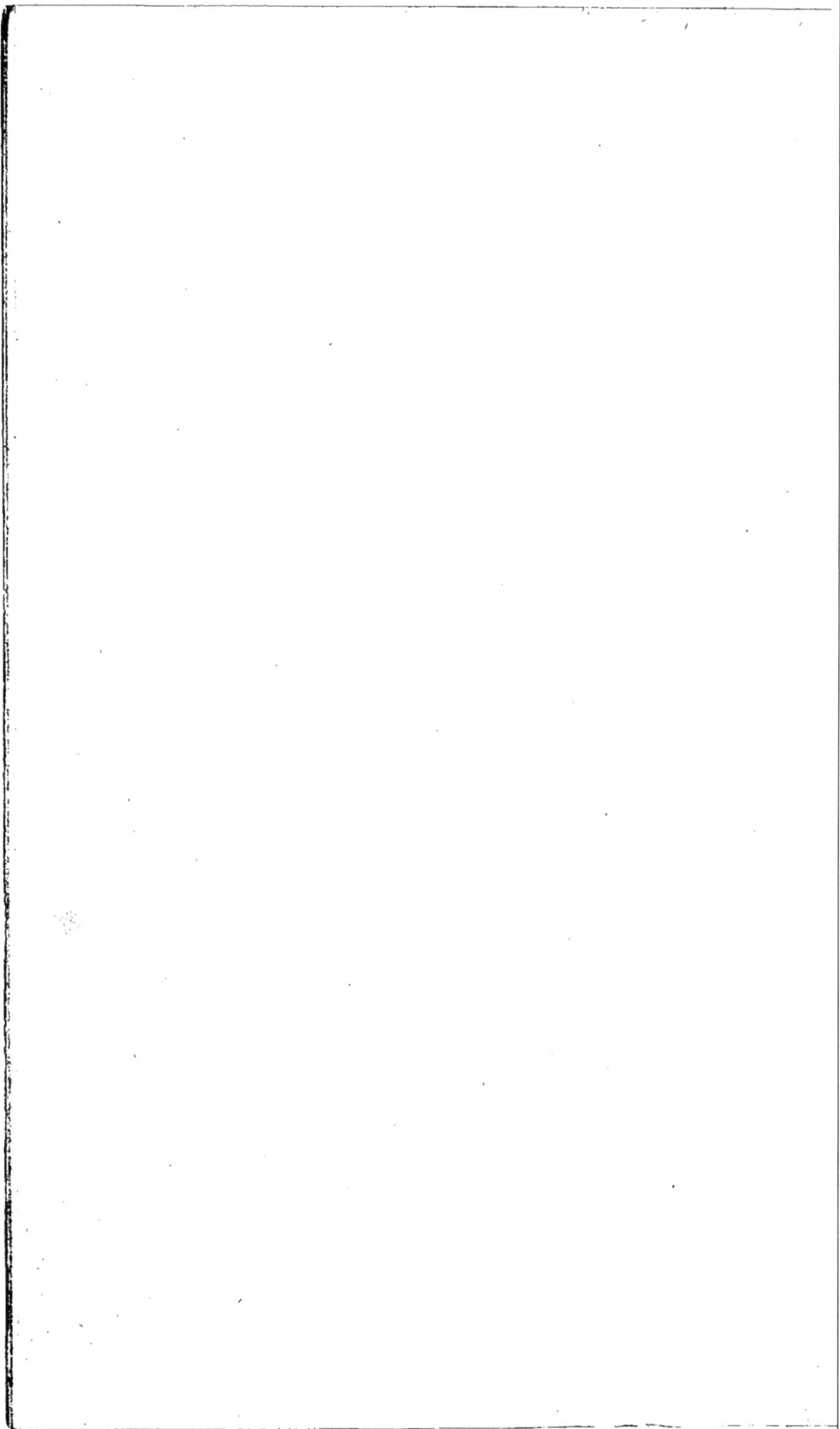

Préface.

Retracer à l'homme du monde l'histoire du Café, son introduction successive dans les diverses contrées de l'Europe, les diverses prohibitions qui l'ont frappé, mais qui, loin de l'arrêter dans sa marche, n'ont fait qu'en propager l'usage ; présenter au naturaliste la description exacte de l'arbre qui produit cette féve, aujourd'hui si répandue, ses différentes cultures suivant les pays : au chimiste l'analyse de ses parties constituantes, mais avant tout, offrir au consommateur les moyens de savoir distinguer d'une manière certaine les

diverses sortes de Café qui se rencontrent
dans le commerce , celles que leurs qualités doivent lui faire préférer ; lui apprendre à reconnaître les fraudes em-
ployées par les marchands , prouver son
influence sur l'économie animale , ensei-
gner la méthode la plus convenable de
préparer le Café, en signalant les dangers
d'une mauvaise préparation , tel est le but
que je me propose dans cet ouvrage.

Plusieurs auteurs ont écrit sur le Café ;
mais de ces traités les uns sont surannés ,
comme ceux de Prosper Alpin, Meisner ;
Bacon de Verulam et celui de Philippe-
Sylvestre Dufour, publié à Lyon, en 1685 ;
les autres , comme ceux de Le Gentil,
de Moseley, auteur anglais traduit par
Le Breton, quoique plus récens , ne
traitent guère que des propriétés et des

effets du Café , sans considérer ses caractères commerciaux.

J'ai donc pensé qu'un ouvrage sur le Café qui envisagerait tous les points de vue sous lesquels cette production précieuse se présente au naturaliste , au commerçant, à l'observateur, au philosophe, était encore à faire. En offrant au public le résultat de mes propres observations, je n'ai pas négligé de m'éclairer des lumières de ceux qui ont écrit avant moi sur cette matière. Pour tout ce qui a rapport à la culture du Cafier, à sa statistique, j'ai consulté les ouvrages les plus modernes et les plus estimés, tels que celui de M. Thomas, pour l'île Bourbon , de M. le marquis Renouard de Sainte-Croix, pour la Martinique ; du colonel Boyer Peyrelau, pour la Guadeloupe ; la *Flore des Antilles* de M. Tussac , etc. Un des administrateurs de la Martinique , qui a long-tems résidé dans nos diverses colonies, et qui se trouve momentanément à Paris, a bien voulu me donner les renseignemens les plus intéressans et me confirmer l'exactitude de mon travail.

Ancien élève de l'École spéciale de Commerce, je me suis livré sous un maître habile à l'étude approfondie des denrées coloniales. Professeur de sciences commerciales et industrielles , j'ai acquis depuis, dans l'exercice de ma profession , une expérience qui, je l'espère, sera une garantie pour le public.

Être utile est l'unique but auquel j'aspire ; puisse le succès couronner mes efforts.

DU CAFÉ.

CHAPITRE Ier.

Histoire du Café.

INTRODUCTION EN ORIENT.

Le grand usage que l'on fait en Europe du Café qui d'abord n'était qu'un objet de luxe, et qui depuis est devenu presque un objet de première nécessité, rend l'histoire de cette féve assez intéressante pour mériter quelques détails.

L'histoire du Café remonte à un temps très-reculé.

On ne voit pas dans l'histoire des peuples anciens qu'ils aient connu ce fruit. Le Café n'était en effet connu ni des Grecs, ni des Romains, quoique quelques enthousiastes aient prétendu que cette boisson était connue dans les temps les plus reculés, et que Pietro della Valle ait avancé que c'était le *népenthe* que reçut Hélène d'une dame Égyptienne, et qu'Homère vante comme propre à calmer l'esprit dans l'état le plus violent de la colère, de l'affliction et du malheur. Paschius, dans son traité *de Novis inventis,* imprimé à Leipsick, en 1700, prétend que le Café est désigné par les présents que fit Abigaïl à David, afin de l'apaiser, *I. Liv. des Rois* Chap. 25. vers. 18.

C'est dans la haute Ethiopie que l'on place généralement le berceau du Café; on en a fait usage dans ce pays de temps immémorial. Les Persans furent le second peuple qui connut le Café, et enfin les Arabes qui nous l'ont transmis.

On a débité bien des fables sur la découverte du Café ; on raconte entre autres celle d'un pauvre derviche qui habitait une vallée de l'Arabie, et ne possédait qu'une cabane et quelques chèvres. Un jour qu'elles revenaient du pâturage, il remarqua avec étonnement l'agitation de ces animaux lorsqu'ils furent rentrés au bercail. Il les suivit le lendemain, et observa qu'elles broutaient les petites branches et les fruits d'un arbrisseau qu'il n'avait pas encore remarqué. Il en essaya l'effet sur lui-même, et éprouva une gaîté surnaturelle, accompagnée d'une telle loquacité qu'il passa auprès de ses confrères pour un homme extraordinaire et inspiré. Il fit part de cette découverte aux autres derviches, qui en prirent également, et commencèrent à en propager l'usage. Il est probable que cette fable, adoptée par Dufour, sur la foi de Fauste Nairon, Maronite, professeur de langues orien-

tales à Rome, qui avait publié en cette ville
le premier traité fait exprès sur cette matière (1), il est probable, dis-je, que cette fable
a été inventée par les Arabes pour accrédi-
ter l'opinion que le Café est originaire de leur
pays.

Les Persans racontent que Mahomet étant
malade, l'ange Gabriel inventa cette boisson
pour lui rendre la santé.

On trouve encore l'histoire d'un supérieur
de monastère en Arabie, qui, ayant entendu
parler de l'effet du Café sur les chèvres du derviche, et remarquant que ses moines se laissaient aller au sommeil pendant les exercices
nocturnes de leur religion, et n'y apportaient
pas toute l'attention et tout le recueillement

(1) De saluberrimâ potione *cahue* seu *cafe* nuncupatâ
discursus Fausti Naironi Banesii, Maronitæ, linguæ Chal-
daicæ seu Syriacæ in almo Urbis archigymnasio lectoris. Ad
Eminentis. Et reverendiss. principem D. Jo. Nicolaum
S. R. E. Card. de Comitibus. Romæ, 1671.

convenables, leur fit boire une infusion de cette graine, qui produisit les plus heureux résultats. Il en établit ainsi l'usage qui ne tarda pas à passer dans toute l'Arabie ; le Café jouit bientôt du plus grand succès, et fut recherché de tout le monde.

Quelques auteurs parlent d'un mollah nommé Chadely, qui ne pouvant se livrer à ses prières nocturnes, à cause de l'assoupissement continuel qu'il éprouvait, essaya de cette boisson, dont il reconnut les bons effets, et dont il parla à ses derviches qui en propagèrent l'usage.

Quoi qu'il en soit, il est certain que ce fut dans le milieu du IXe siècle de l'hégire, XVe de l'ère chrétienne, que les Arabes commencèrent à cultiver le Café.

Gémaleddin Abou Abdallah Mohammed Ben-Saïd, surnommé Dhabhani, parce qu'il était natif de Dhabhan, petite ville de l'Yémen, était muphti d'Aden, ville et port fameux de l'Arabie, à l'Orient de l'embouchure de la

Mer-Rouge. Ayant été contraint de se rendre
en Perse pour quelques affaires, il y demeura
un certain temps, et observa que les habitans
faisaient usage du Café, et vantaient les propriétés de cette boisson. De retour à Aden,
il eut une indisposition, et s'étant souvenu du
Café, il en but, et se trouva bien d'en avoir
fait usage. Il remarqua qu'il avait la vertu
de dissiper le sommeil et l'engourdissement,
et de rendre le corps léger et dispos. Il introduisit donc l'habitude de cette boisson à
Aden (1). A son exemple les habitans de la
ville, les jurisconsultes et les gens du peuple
même prirent du Café, les uns pour se livrer
avec plus de facilité aux études de leur profession, et les autres à leurs travaux méca-
niques. Depuis cette époque, l'usage de cette
boisson devint de plus en plus commun. Les

(1) Manuscrit arabe de la Bibliothèque du Roi, catalogué
n° 944; traduit par Sylvestre de Sacy, Chrestomathie arabe,
tome II, page 224.

fakirs en prenaient dans le temple même en chantant les louanges de Dieu. Le Café était dans un grand vase de terre rouge; le supérieur en puisait dans ce vase avec une petite écuelle, et leur en présentait à tous successivement, en commençant par ceux qui étaient à sa droite, pendant qu'ils chantaient leurs prières ordinaires. Les laïques et tous les assistans en prenaient également. Gémaleddin mourut en 875 (1459 de notre ère.)

L'usage du Café ne fut jamais interrompu à Aden, et l'on dit que les Arabes ne boivent jamais cette liqueur délicieuse, sans souhaiter le paradis à Gémaleddin en récompense du présent qu'il leur a fait.

D'Aden, le Café, vers la fin du IXᵉ siècle de l'hégyre, s'étendit graduellement à la Mecque et à Médine; l'usage s'en répandit bientôt dans toute l'Arabie, et au bout de peu de temps on avait établi, tant dans cette contrée qu'en Perse, des lieux publics où les oisifs venaient passer leur tems, où les hommes occupés venaient se distraire ; on y jouait aux échecs, jeu dans lequel les Arabes excellent et surpassent toutes les autres nations ; les poètes venaient y réciter leurs vers et l'on y distribuait du Café préparé. Le gouvernement d'alors, quoique très-despotique, toléra ces établissemens.

De l'Arabie le Café passa en Égypte ; il vint jusqu'au Caire, où il s'introduisit au commencement du Xe siècle de l'hégyre, XVIe de Jésus-Christ. De l'Égypte, il passa ensuite en Syrie, principalement à Damas et à Alep, où il s'établit sans qu'on y apportât aucun obstacle, et enfin dans toutes les autres villes de cette grande province.

De cette époque, date la prospérité du Café. Chacun, appréciant les qualités agréables et les vertus salutaires de cette boisson si convenable à ces peuples énervés par un climat chaud et l'abus des plaisirs, voulut en faire usage.

La première disgrâce que le Café essuya eut

lieu à la Mecque, l'an 917 de l'hégyre (1511 de l'ère chrétienne). Deux frères, docteurs, natifs de Perse, parvinrent à persuader à l'émir Khaïr-Beg Mimar que le Café était une liqueur enivrante, qui donnait lieu à des divertissemens que la loi de Mahomet ne permet pas. Khaïr-Beg convoqua une assemblée de docteurs et de médecins pour délibérer sur ce sujet. Les premiers déclarèrent que les Cafés publics étaient contraires au mahométisme; les seconds, que la liqueur qu'on y servait était préjudiciable à la santé. Plusieurs membres affirmèrent qu'elle leur avait été contraire. Un des assistans alla même jusqu'à dire qu'elle enivrait autant que le vin. Cette déclaration fit rire l'assemblée. « Il a donc bu » du vin, s'écria-t-on. » Il fut contraint d'en convenir, et quatre-vingts coups de bâton furent le prix de sa naïveté.

Khaïr-Beg demanda un rescrit du sultan pour empêcher la vente du Café à la Mecque, et fit provisoirement défendre d'en distribuer

dans les lieux publics. Si l'on en buvait encore dans l'intérieur des maisons, c'était se-
crètement, afin de se soustraire à la cruauté
de l'émir ; car, Khaïr-Beg ayant été informé
qu'une personne de la ville en avait bu malgré sa défense, la punit rigoureusement et la
fit promener sur un âne et donner en spec-
tacledans les rues et les places publiques. Mais
bientôt arriva le rescrit du sultan qui con-
traria les vues des détracteurs du Café, en
déclarant que les docteurs du Caire, qui de-
vaient être plus instruits que ceux de la Mecque, avaient reconnu que c'était une boisson
innocente, et en ordonnant à l'émir de retirer
sa prohibition. Chacun en reprit donc l'usage
avec sécurité en apprenant qu'il était en vogue au Caire, résidence du sultan.

L'an 932, le scheik, Sidi-Mohammed Ben-
Arrak, ayant été instruit qu'il se passait dans
les lieux où l'on prenait du Café des actions
criminelles, engagea les gouverneurs à sup-
primer les maisons où l'on débitait cette bois-

son, sans pourtant empêcher d'en prendre chez soi. Après sa mort, les Cafés furent rou-verts et publics comme auparavant. Mais le Café devait causer de nouveaux troubles et de nouveaux soulèvemens.

L'an 941 de l'hégyre (1534 de l'ère chré-tienne), un fanatique déclama avec tant de force dans la mosquée contre le Café, que le peuple, animé par les paroles du prédica-teur, se porta en foule vers les Cafés, brisa les meubles qui les décoraient, et les vases qui servaient à distribuer la liqueur, frappa les buveurs, et donna la bastonnade aux mar-chands.

La ville fut divisée en deux factions. Les partisans du Café soutenaient que c'était un breuvage pur, d'un usage très-sain, qui porte à la gaîté, qui facilite le chant des louan-ges de Dieu et les exercices de dévotion à qui-conque désire s'en acquitter. Ceux, au con-traire, qui le regardaient comme une boisson prohibée, ne mettaient aucune borne au mal

qu'ils en disaient et à la censure des personnes qui en fesaient usage. Les adversaires
du Café, enfin, poussèrent les choses jusqu'à
prétendre que c'était une sorte de vin, et qu'il
fallait le comprendre dans la même proscrip-
tion. Ils allèrent même jusqu'à dire qu'au
jour de la résurrection ceux qui en auraient
bu, paraîtraient avec un visage plus noir que
le fond des vases dans lesquels on le prépare.

Il fut nécessaire d'avoir recours à une con-
sultation juridique. Le scheik ayant convo-
qué tous les docteurs, ceux-ci déclarèrent la
question décidée depuis long-temps en faveur
du Café. Le scheik, fort de l'opinion des
hommes les plus distingués, fit préparer du
Café chez lui; on en servit à toute l'assemblée,
et il devint plus en vogue que jamais.

Toutes les tentatives qui eurent lieu depuis
pour faire défendre le Café à la Mecque, furent infructueuses; il fut aussi prohibé plusieurs fois au Caire, mais il n'a jamais été

long-temps sans triompher des obstacles qu'on lui opposait.

Ce fut l'an 962 de l'hégyre (1554 de Jésus-Christ), sous le règne de Soliman II, dit le *Grand*, que l'on commença à prendre du Café en Grèce, et surtout à Constantinople. Un Damasquin, nommé Schems, et un habitant d'Alep nommé Hekem, venus dans cette ville, y ouvrirent chacun un Café où l'on recevait les consommateurs sur des sophas. Ces établissements étaient fréquentés par la plupart des savans, des juges, des professeurs, des derviches. Ces Cafés, dans la suite, eurent une telle renommée que les personnes de la première distinction, les pachas et les principaux seigneurs, enfin tous les hommes constitués en dignité, daignèrent les honorer de leur présence. On donna alors aux Cafés le nom d'*Écoles des savans*.

Les Turcs s'adonnèrent avec fureur à l'usage de cette boisson, et la capitale fut bientôt remplie de *Kawha-Kanés*, où l'on distribuait le Café ; les oisifs s'y réunissaient, et, semblables à ces musiciennes ambulantes qui s'introduisent aujourd'hui dans les endroits publics, des danseuses ou courtisanes (*almés, ghawasiés*), venaient amuser les consommateurs par leurs chants et leurs danses lascives. Mais une furieuse tempête s'éleva. Les prêtres prétextant qu'on délaissait les temples pour les Cafés, firent grand bruit à Constantinople. Ils prétendirent que le Café grillé était un charbon, et que tout ce qui avait rapport au charbon était défendu par Mahomet. Le muphti soutint les prêtres, défendit l'usage de cette liqueur dans la capitale, et fit fermer les Cafés. Mais bientôt le culte s'en rétablit.

On avait commencé dans les établissements où l'on vendait du Café par jouer aux échecs, parler de prose, de vers, d'arts, de sciences ; bientôt on s'y entretint de politique et de religion.

Sous Amurath III, le muphti se fâcha, supprima les Cafés, à cause des nouvellistes qui s'y rassemblaient ; mais, cette prohibition n'ayant pas de rapport avec le Café en lui-même, on en toléra l'usage dans l'intérieur des familles. Les Turcs se moquèrent bientôt du muphti, et ouvrirent d'autres Cafés qui furent plus nombreux qu'auparavant.

Pendant la guerre de Candie, sous la minorité de Mahomet IV (1), le grand visir Kuprugli, sous prétexte de politique, ferma encore les Cafés. Cette rigueur ne fit qu'accroître l'empressement des Turcs pour cette boisson et contribua à diminuer les revenus du gouvernement, qui ne put s'empêcher alors de lever la défense pour toujours, et le Café est devenu si commun aujourd'hui en Turquie et en Égypte que, selon quelques écrivains, il y tient lieu de vin. De même qu'en France et autres pays on donne ce qu'on appelle *le pourboire*, en Orient on donne l'*ar-*

---

(1) Ricault, *Histoire de l'empire Ottoman.*

gent du Café. Le mari est obligé d'en fournir à sa femme; le refus ou le manque de Café à l'égard de celle-ci est une cause légitime de divorce.

CHAPITRE II.

INTRODUCTION DU CAFÉ EN ANGLETERRE.

En 1652, un marchand nommé Edward, à son retour du Levant, amena avec lui en Angleterre, un Grec qui savait préparer le Café. Il en introduisit l'usage à Londres, où il fut favorablement accueilli par les Anglais, qui le trouvèrent de leur goût.

Sous le règne de Charles II, le Café éprouva les mêmes persécutions, les mêmes difficultés qu'il avait rencontrées en Turquie. En 1675, l'ordre fut donné de fermer les salles, au nombre de plus de trois mille, où l'on prenait le Café, comme des foyers de troubles et des séminaires de sédition. Cette mesure en étendit probablement l'usage , car le nombre des Cafés augmenta rapidement. Dans la suite, l'usage du Café fut presque entièrement aban- donné dans toute l'Angleterre , jusqu'à ces derniers temps où la consommation en est devenue beaucoup plus considérable.

CHAPITRE III.

INTRODUCTION DU CAFÉ EN FRANCE.

Ce ne fut que dix après que les Anglais eurent adopté l'usage du Café qu'il commença à s'établir en France. Ce n'est pas qu'il y fut entièrement inconnu auparavant, car Léonard Rauwolf avait, dès 1583, fait mention du Cafier pour la première fois. Prosper Alpin, fameux médecin de Padoue et grand botaniste, avait fait paraître, en 1591, à Venise, un ouvrage où il donnait la description de l'arbre qu'il avait vu en Égypte, et auquel il donnait le nom de *Bon*, *Ban* ou *Boun*. Cet ouvrage fut réimprimé, en 1640, à Padoue avec les observations et les notes que Veslingius, autre célèbre médecin italien, avait faites sur ce traité; Bacon de Verulam, en 1624, dans sa *Sylva sylvarum*, avait parlé du Café comme d'une boisson dont l'usage était répandu en Orient, et Meisner avait, dès 1621, composé un traité sur cette féve précieuse.

En Italie, on avait commencé à prendre du Café, vers l'année 1645, et nous apprenons que, dès 1644, un Vénitien, nommé Pietro della Valle, avait apporté du Café à Marseille. C'est donc à tort qu'on a prétendu que ce fut Thévenot qui le premier fit voir du Café en France; car le retour de son premier voyage n'eut lieu qu'en 1657.

Peu de tems après que le Vénitien dont nous avons parlé eut apporté le Café à Marseille, un autre voyageur y apporta non seulement du Café, mais encore tous les petits meubles et les petites serviettes de mousseline brodée d'or, d'argent et de soie qui servent à son usage en Turquie. Mais le Café n'était encore à cette époque qu'un objet de curiosité.

Cependant, en 1660, plusieurs négociants de Marseille, qui avaient long-temps séjourné dans le Levant et y avaient contracté l'habitude du Café, en firent venir quelques balles d'Égypte.

De Marseille, l'usage du Café s'introduisit à Lyon, dans la Provence et les provinces voisines. Ce fut à Marseille, en 1671, que fut ouverte, pour la première fois en France, une boutique où l'on vendait du Café. Elle était située aux environs de *la Loge*.

L'usage du Café était donc devenu général à Marseille, malgré les déclamations des médecins, qui prétendaient qu'il ne convenait pas aux habitants de nos climats; mais il était encore presque inconnu à Paris.

Nous savons seulement que sous Louis XIII, il se vendait sous le Petit Châtelet de la décoction de Café, sous le nom de *Cahové* ou *Cahovet*. Mais cette boisson fut long-temps à obtenir quelque faveur en France. Il n'y avait point encore de Cafés publics dans Paris en

1662. En général, le Café ne commença à devenir un peu commun en Europe que vers le milieu du XVIIIe siècle.

Soliman Aga, ambassadeur de la Porte auprès de Louis XIV, en 1669, fut le premier qui introduisit à Paris l'usage du Café. Il en fit goûter à plusieurs personnes, qui continuèrent d'en boire après son départ. Le Café, dans le commencement, s'est vendu à Paris jusqu'à quarante écus la livre ; mais ce prix exorbitant ne s'est pas maintenu.

Pascal, Arménien, quelques années après (1672), établit un Café à la foire Saint-Germain. Le temps de la foire écoulé, il transporta son établissement au quai de l'Ecole, vis-à-vis le Pont-Neuf. Mais ce n'était encore qu'une salle où se réunissaient des étrangers et quelques chevaliers de Malthe. Son café étant peu fréquenté, Pascal partit pour Londres.

Un Sicilien, nommé Procope, remit le Café en vigueur. A l'exemple de Pascal, il s'établit à la foire Saint-Germain, et attira la meilleure compagnie par la bonne qualité du Café. De la foire, il alla, en 1689, s'établir en face du théâtre de la Comédie-Française, où le Café existe encore.

Peu de temps après, Maliban, autre Arménien, ouvrit un nouveau Café dans la rue de Bussy, près le jeu de paume, aux environs de l'abbaye Saint-Germain. Il passa de là dans la rue Férou près Saint-Sulpice, mais bientôt il revint dans son premier local de la rue de Bussy. Quelques affaires l'ayant contraint de partir pour la Hollande, Maliban céda son Café à Grégoire, son garçon, qui était venu d'Ispahan avec d'autres Arméniens.

Quelques autres petits établissements s'étaient formés successivement lorsqu'enfin un un certain Étienne, d'Alep, ouvrit le premier, à Paris, une salle ornée de glaces et décorée de tables de marbre, rue Saint-André-des-Arts, vis-à-vis le pont Saint-Michel. Ce Café existe encore aujourd'hui au même endroit sous le nom de *café Cuisinier*, et ne dément pas la bonne réputation dont il jouit depuis si long-temps.

Cependant le nombre des cafés ne s'augmentait pas sensiblement, et rien ne faisait présager le succès que cette boisson obtiendrait un jour. Tout le monde connaît ce mot de madame de Sévigné : « Racine passera comme le Café. » Mais Racine, malgré les déclamations des romantiques, est encore regardé comme le premier de nos poètes, et le Café, malgré les efforts de ses détracteurs, est devenu un besoin général, au point que de nos jours Napoléon, malgré sa toute-puissance, ne put parvenir à l'anéantir.

D'après l'exemple qu'avait donné Étienne d'Alep, les cabarets dans lesquels on donnait à boire le Café, étaient, suivant l'expression d'un auteur de ce temps, des réduits magnifiquement parés de tables de marbre, de miroirs et de lustres de cristal, où quantité d'honnêtes gens de la ville s'assemblaient, moins pour y prendre du Café, que pour y apprendre les nouvelles du jour. Nous rappellerons ici que c'est de l'introduction du Café en France que date la publication des gazettes ou journaux.

Les dames de première qualité faisaient très-souvent arrêter leurs carrosses aux boutiques de Café les plus renommées, et on leur en servait à la portière sur des soucoupes d'argent.

Dans ces premiers temps un petit boiteux, nommé le Candiot, ceint d'une serviette fort propre, portant d'une main un réchaud fait exprès, sur lequel était une cafetière, de l'autre une espèce de fontaine remplie d'eau, et devant lui un éventaire de ferblanc, garni de tous les ustensiles du Café, courait par les rues de Paris en criant : *café, café*. Les personnes qui en désiraient, le faisaient monter chez elles, et pour deux sous six deniers il en remplissait une tasse et fournissait le sucre.

3

Candiot, le petit boiteux, eut pour compa-
gnon, dans ce genre de commerce, le nommé
Joseph, levantin, qui était venu à Paris pour
tenter de faire fortune par le moyen du Café;
il y réussit, et mourut fort riche, après avoir
établi un Café au bas du pont Notre-Dame.

Les maîtres des cabarets où l'on vendait le
Café, en envoyaient aussi par la ville sur des
cabarets portatifs, d'où est venu le nom de
cabarets à ces petites tables ou plateaux sans
pieds, sur lesquels on met les tasses et les
soucoupes de porcelaine, destinées à prendre
le Café, le thé et autres liqueurs chaudes.

Les succès d'Étienne d'Alep et de Procope,
dont le Café était fréquenté par Voltaire,
Piron, Fontenelle, Sainte-Foix, etc., qui s'y
rendaient pour juger les ouvrages nouveaux
de littérature, engagèrent quelques spéculateurs à ouvrir plusieurs établissements du
même genre.

Le Café de la Régence, situé sur la place
du Palais-Royal, obtint une grande célébrité,

surtout à cause des joueurs d'échecs qui le
fréquentaient. Il y avait une telle affluence
de spectateurs pour y voir jouer Jean-Jac-
ques Rousseau, qui cependant n'était pas
d'une grande force, que le lieutenant de po-
lice était obligé de mettre une sentinelle à la
porte du Café.

Les établissements où l'on préparait le Café
se multiplièrent insensiblement. Sous le règne
de Louis XV on en comptait plus de six
cents; on en fait monter le nombre aujour-
d'hui à plus de trois mille.

Le goût général du Café fit désirer de posséder l'arbre qui le produisait.

CHAPITRE IV.

Histoire du Cafier

DANS LES COLONIES EUROPÉENNES.

Au commencement du XVIIIe siècle, tout le Café qu'on buvait en Europe était apporté d'Orient. Las de payer aux Arabes un tribut assez fort pour cette féve précieuse, les Européens tentèrent de s'approprier l'arbre qui la produisait. Mais deux grands obstacles empêchaient la réussite de leurs projets ; les Arabes ne laissaient pas emporter les Cafiers en pied, et les tentatives que l'on fit pour faire germer le Café en grain, donnèrent à supposer que les habitans de l'Arabie le trem-

paient dans l'eau bouillante, ou le faisaient
sécher au four, avant de le vendre, pour se
conserver à jamais le monopole de ce commerce. On ne fut détrompé que lorsqu'on
eut porté l'arbre même à Batavia. On fut
convaincu alors que la semence ne lève point
si elle n'est misé récente en terre.

Un Français eut l'honneur de tenter le premier de faire réussir le Café dans un autre
climat que celui de son pays natal. Il planta
en 1670, aux environs de Dijon, des grains
qui levèrent, mais ne réussirent pas.

Nicolas Witsen, d'Amsterdam, fut le premier qui, en 1690, transporta, les uns disent
des baies récentes, d'autres, l'arbre même
de Moka à Batavia. Ce premier essai eut les
plus heureux résultats.

Le gouverneur de Batavia en envoya, la
même année, un pied dans les serres d'Amsterdam. M. de Ressons, lieutenant-général
d'artillerie et amateur de botanique, apporta
en France le premier pied de Cafier, venu

de Hollande, et présenté à Louis XIV, en 1712, à Marly, d'où il fut envoyé à Paris au jardin des Plantes ; on lui vit produire des fleurs et des fruits, mais il ne tarda pas à mourir. Ce fut alors que M. de Brancas, bourguemestre d'Amsterdam, en 1714, envoya un autre pied en présent à Louis XIV. C'est de ce pied, élevé dans la terre du Jardin du Roi, que sont provenus tous les Cafiers que l'on cultive actuellement dans nos colonies.

Dès 1716, de jeunes plants, élevés des graines du jardin des Plantes, furent confiés à M. Isambert, médecin, pour les transporter dans nos colonies ; mais ce médecin étant mort peu de temps après son arrivée, cette première tentative n'eut pas le succès qu'on en attendait.

En 1723, M. de Chirac, médecin, confia à M. de Clieux, gentilhomme Normand, capitaine d'infanterie et enseigne de vaisseau, un pied de Café pour être porté à la Martinique. La traversée fut longue et dangereuse ; l'eau manquait sur le vaisseau et n'était plus distri-

buée que par petites rations. M. de Clieux,
qui sentait toute l'importance de propager ce
fruit dans nos colonies d'Amérique, et voulait conserver à son pays une nouvelle source
de richesses, partagea avec le précieux arbrisseau qui lui avait été confié la ration d'eau
qu'on lui donnait, et il eut le bonheur de le
débarquer à la Martinique, faible, mais non
pas dans un état désespéré. Alors ses soins
redoublèrent; il le planta dans l'endroit de
son jardin le plus favorable à son accroissement, l'entoura de haies d'épines et le fit
garder à vue. Il eut la première année la sa-
tisfaction de récolter deux livres de graines.

Il en donna à M. de la Guarigue Survillier,
colonel des milices à la Martinique, et à divers
habitans de l'île qui les plantèrent.

M. Blondel Jouvencourt, intendant des îles
du Vent, constata par un acte en bonne forme,
en date du 22 février 1726, qu'il existait dans
le jardin de M. Survillier, au quartier de
Sainte-Marie, plusieurs pieds de Café, et entre

autres, neuf arbres hors de terre depuis vingt
mois; le même acte constatait l'existence à la
Martinique de deux cents arbres portant
fleurs et fruits, de plus de deux mille moins
avancés, et de quantité d'autres dont les
graines étaient seulement hors de terre. Le
Père Labat, à qui M. de Survillier envoya
ce certificat, rapporte dans son ouvrage, que
ce dernier lui a mandé que les neuf pieds,
dont il est parlé ci-dessus, ont produit dans
une année quarante-une livres et demie de
Café, sans compter plus de mille graines qu'il
a données à ses amis pour planter, et celles
qui ont été volées.

Les Cafiers prospéraient donc à la Martinique, les récoltes étaient déjà assez abon-
dantes, lorsque, le 7 novembre 1727, un
horrible tremblement de terre qui dura plusieurs jours, et ébranla les montagnes jusque
dans leurs fondemens, fit périr tous les cacaotiers, principale richesse de l'île, et réduisit
à la mendicité plus de la moitié des habitans.

Cette horrible catastrophe tourna au profit du Café, et hâta la prospérité de sa culture à la Martinique. On s'y livra avec tant de persévérance et de succès que cette colonie fournissait à elle seule plus de Café que le royaume entier n'en consommait.

Sans le don précieux que lui avait fait l'honorable M. de Clieux, la colonie dénuée de toute ressource par la ruine des plantations de cacaotiers, était complètement perdue. Et cependant M. de Clieux, après avoir enrichi la Martinique de cette branche de commerce, mourut pauvre et ignoré à l'âge de quatre-vingt-dix-sept ans, en 1775. En 1804, M. de Laussat, préfet de la colonie, projeta de lui élever un monument à la place même où il avait planté le premier pied, objet de sa sollicitude et source de richesses pour l'île; ce projet ne fut point mis à exécution, la Martinique ayant été prise par les Anglais en 1809. Si l'on n'a pas élevé un monument en l'honneur de ce voyageur bienfaisant, dit

M. Tussac, dans sa *Flore des Antilles*, en
parlant de M. de Clieux, il doit exister dans le
cœur de tous les colons. Esménard, dans son
poème de la *Navigation*, a célébré l'admirable
dévoûment de M. de Clieux. Il dit :

. . . . Sur son léger vaisseau,
Voyageait de Moka le timide arbrisseau ;
Le flot tombe soudain ; Zéphir n'a plus d'haleines.
Sous les feux du cancer, l'eau pure des fontaines
S'épuise, et du besoin l'inexorable loi
Du peu qui reste encore a mesuré l'emploi.
Chacun craint d'éprouver les tourments de Tantale ;
De Clieux seul les défie, et d'une soif fatale
Étouffant tous les jours la dévorante ardeur,
Tandis qu'un ciel d'airain s'enflamme de splendeur,
De l'humide aliment qu'il refuse à sa vie,
Goutte à goutte il nourrit une plante chérie.
L'aspect de son arbuste adoucit tous ses maux ;
De Clieux rêve déjà l'ombre de ses rameaux,
Et croit en caressant la tige ranimée,
Respirer en liqueur sa graine parfumée.
Heureuse Martinique ! ô bords hospitaliers !
Dans un monde nouveau vous avez les premiers
Recueilli, fécondé ce doux fruit de l'Asie
Et dans un sol français mûri son ambroisie.

De la Martinique, on porta des plants à *Saint-Domingue*, à la *Guadeloupe*, et autres îles adjacentes. Quelques auteurs prétendent cependant que le Café avait été porté dès 1715 à Saint-Domingue.

La culture s'en propagea rapidement à la Guadeloupe; mais elle y est sensiblement négligée depuis plusieurs années. La Guadeloupe, qui exportait jadis plus de quatre millions de kilogrammes de Café par an, n'en exporte plus aujourd'hui que deux millions et demi à trois millions. M. le colonel Boyer-Peyreleau attribue cet abandon à l'amour-propre, à la vaine gloriole des propriétaires qui veulent se transformer en *grands habitans*. On ne donne ce titre dans les colonies qu'aux propriétaires des habitations à sucre. Nous verrons plus loin qu'il en est de même à la Martinique.

C'est à tort qu'on a prétendu que le Café ne fut porté à *Cayenne* que quelques années après avoir été introduit à la Martinique.

Depuis 1718, les Hollandais le cultivaient avec succès à Surinam. Un fugitif de la colonie française, nommé Mourgues, regrettant ce pays qu'il avait quitté pour se retirer dans les établissements des Hollandais dans la Guyane, désirait revenir au milieu de ses compatriotes. Il écrivit de Surinam à M. de Lamotte-Aigron, lieutenant de roi à Cayenne, que si on lui promettait sa grâce, il apporterait des semences de Café en état de germer, malgré les peines rigoureuses qui l'attendaient s'il était découvert. Sur la parole qu'on lui donna, il arriva à Cayenne, en 1722, apportant avec lui une livre de Café tout frais cueilli, qu'il remit au commissaire ordonnateur de la marine, M. d'Albon, qui les fit semer. Les semis réussirent complètement, et bientôt la colonie se couvrit de plantations.

En 1717 ou 1718, la compagnie française des Indes, établie à Paris, envoya à l'Ile Bourbon, par un capitaine de navire de St-

Malo, nommé Dufougeret-Grenier, quelques plants de café Moka. Ils furent remis au lieutenant de roi de cette île, M. Desforges-Boucher. Il n'en restait plus qu'un seul pied en 1720, mais il produisit tant cette année, que l'on mit au moins 15,000 féves en terre. Tous les Cafiers cultivés aujourd'hui dans cette île, descendent de ces plants et donnent le Café connu dans le commerce sous le nom de Café Bourbon.

Ce ne fut qu'en 1726 que Bourbon commença à livrer du Café au commerce.

On prétend qu'il existe une espèce ou variété indigène de Cafier dans ce pays.

Les habitans de cette île, est-il dit dans les Mémoires de l'Académie des Sciences, année 1715, ayant vu sur un navire français revenant de Moka, des branches de Cafier ordinaire, chargées de feuilles et de fruits, reconnurent aussitôt qu'il avaient dans leurs montagnes des arbres entièrement semblables; ils allèrent en chercher des branches, dont la comparaison avec celles qui avaient été apportées se trouva exacte, tant pour la feuille que pour le fruit; seulement le Café de l'Ile fut trouvé plus long, plus menu et plus vert que celui d'Arabie. C'est sans doute ce qui a décidé quelques naturalistes à faire de ce Cafier, une espèce particulière et distincte du Cafier d'Arabie.

Le chevalier Nicolas Laws fut le premier qui planta le Café à *la Jamaïque,* en 1728; mais il mourut trois ans après. Plusieurs colons et marchands, pour protéger cette entreprise, souscrivirent, afin d'obtenir du parlement un arrêt qui diminuât les taxes imposées sur l'importation du Café de la Jamaïque dans la Grande-Bretagne. L'impôt fut diminué; la consommation devint plus grande, et les planteurs travaillèrent avec activité à multiplier une graine qui leur offrait une nouvelle source de bénéfices.

Une partie du nouveau continent fut employéeà la culture de ce fruit. Mais, malgré

les efforts des Européens, presque aucun des
nombreux pays où ils ont transplanté les Cafiers n'a encore produit de Café qui ne soit
inférieur en qualité aux dernières sortes de
celui qui nous vient de l'Yémen. Ce dernier
l'emporte toujours de beaucoup sur les autres
par son goût et son parfum. Nous tâcherons,
dans un autre chapitre, d'expliquer la cause
de cette différence.

Apres avoir parlé de l'histoire du Café, des
diverses persécutions qu'il a éprouvées avant
d'obtenir le droit de bourgeoisie en Europe,
des efforts des Européens pour le faire prospérer dans leurs colonies, nous devons nous
étendre sur la culture du Cafier. Mais pour
que le lecteur puisse saisir facilement la théo-
rie de cette culture, il est nécessaire de faire
auparavant la description de cet arbrisseau
précieux.

CHAPITRE V.

DESCRIPTION DU CAFIER.

COFFEA ARABICA. — CAFIER D'ARABIE.

Jasminum arabicum lauri folio (Jussieu). Pentandrie monogynie de Linnée. — Famille des rubiacées.

L'arbre qui produit le Café est généralement connu sous le nom de *Caféyer* ou *Cafier*. Ce dernier nom, étant celui que lui donnent les habitans des colonies, sera celui que nous emploierons de préférence. Nous nous servirons par la même raison du mot de *Caféyères* pour désigner les plantations de Café, au lieu de *Caféteries*, que l'on trouve dans presque tous les ouvrages de botanique et d'histoire naturelle.

Il n'entre pas dans le plan de cet ouvrage de donner la description des vingt-trois espèces connues de Cafiers; ceux qui désireraient les connaître, pourront consulter les considérations publiées par M. Virey sur le genre *Coffea*; nous ne parlerons ici que du Cafier arabique, le seul dont les fruits se trouvent dans le commerce.

Plusieurs auteurs croient que le Cafier vient originairement de la haute Éthiopie, d'où il a été transporté dans l'Arabie heureuse. L'abbé Raynal, dans son *Histoire philosophique et politique du commerce et des établissements des Européens dans les deux Indes*, affirme que cet arbre a été connu de temps immémorial dans ce pays, où il est encore cultivé avec succès.

Le Cafier a été rangé dans la famille des *Rubiacées*, qui comprend des arbres et des arbrisseaux exotiques, dont les feuilles sont simples et opposées, et dont les fleurs naissent communément aux aisselles des feuilles,

4

et quelquefois au sommet des rameaux. Le Cafier diffère des autres rubiacées en ce qu'il a des glandes sur la feuille à côté de la grande nervure.

C'est un petit arbre ou arbrisseau, toujours vert, qui croît assez vîte. Sa racine est pivotante, fibreuse, rougeâtre, et s'enfonce perpendiculairement dans la terre. Dans l'Arabie, il s'élève jusqu'à la hauteur de 40 pieds (12 mètres, 989 millimètres), sur un tronc droit, dont le diamètre n'excède pas 4 à 5 pouces (108 à 135 millimètres).

Le Cafier est loin d'atteindre dans nos climats, et même dans nos colonies, la hauteur à laquelle il s'élève dans l'Arabie. Elle n'est guère habituellement que de 18 à 20 pieds.

Le tronc jette d'espace en espace, dans la partie supérieure, des branches un peu horizontales, toujours opposées deux à deux, et placées de manière qu'une paire croise l'autre; le bois en est tendre et pliant. Ces branches, presque cylindriques, sont noueuses par intervalles, et couvertes, ainsi que le tronc, d'une écorce fine et grisâtre qui se gerce en se desséchant. L'épiderme est blanchâtre et un peu raboteux, l'enveloppe cellulaire d'un vert léger. Les branches inférieures sont simples et s'étendent plus horizontalement que les supérieures.

Les branches du Cafier sont garnies dans toutes les saisons de feuilles entières, sans denture ni crénelure, rangées des deux côtés des rameaux à une petite distance et opposées deux à deux. La forme de ces feuilles est ovale, allongée. Elles sont ondulées, d'un vert gai, lisses et luisantes en-dessus, pâles en-dessous, aigües au sommet, rétrécies à la base et portées par un pétiole fort court. Elles ressemblent assez aux feuilles du laurier commun ou du citronnier, mais elles sont moins sèches, moins épaisses. Les plus grandes ont deux pouces de large sur quatre à cinq pouces de long. Les feuilles du Cafier ne possèdent

qu'une saveur douce, herbacée, sans arôme
particulier.

De l'aisselle de la plupart de ces feuilles
sortent de petits groupes de fleurs, au nombre
de quatre ou cinq, soutenues chacune par un
court pédicule ; elles sont blanches, formées
d'un seul pétale, et approchent fort de celles
du jasmin d'Espagne par leur figure et leur
volume, ce qui a fait donner au Cafier, par
Jussieu, le nom de *Jasmin d'Arabie à feuilles
de laurier portant le Café ;* mais leurs décou-
pures sont plus étroites, leurs tubes sont plus
courts, et au lieu d'avoir deux étamines comme
le jasmin, elles en renferment cinq, saillan-
tes hors du tube, à sommets linéaires et jau-
nâtres; au milieu des filamens s'élève un style
fourchu surmontant l'ovaire, et qui est aussi
long que la corolle.

Les fleurs du Cafier, comme nous l'avons
dit précédemment, sont blanches ; elles ont
une odeur douce et agréable, mais elles ne
durent que deux ou trois jours dans toute

leur beauté, et garnissent de guirlandes chaque nœud des branches de ce charmant arbrisseau.

CHAPITRE VI.

ÉPOQUES DE LA FLORAISON.

Dans l'Arabie, leur pays natal , et dans les Antilles, les Cafiers fleurissent presque toute l'année, ou pour parler plus exactement, ils fleurissent deux fois l'an; au printemps et en automne. Le temps de chaque floraison dure souvent près de six mois consécutifs; cependant, lors de chaque floraison , il y a un mois ou deux plus abondans en fleurs que les autres. A cette époque, les caféyères présentent l'aspect de bosquets enchantés.

A la Martinique, la floraison du printemps commence dès le mois de janvier.

A Saint-Domingue, dans la partie du Cap, les mois du printemps pendant lesquels la floraison est la plus complète sont mars et avril, tandis que dans la Guyane française, à Cayenne, par exemple, l'époque à laquelle les Caffiers sont le plus richement fleuris, pendant l'automne, sont les mois d'octobre et de novembre. Il paraît que la floraison du printemps, tant en Arabie et aux Antilles qu'à Cayenne et à Surinam, c'est-à-dire, tant au nord qu'au sud de l'équateur, est ordinairement plus pleine que la floraison d'automne.

Il se passe environ une année entre l'épanouissement de chaque fleur et la maturité du fruit qui lui succède. Ce fruit qui est renfermé dans un calice à quatre pointes n'est autre chose que le pistil.

CHAPITRE VII.

FRUIT DU CAFIER.

L'embrion, ou espèce de baie qui remplace les fleurs, est un fruit d'une couleur vert-clair, tenant par une petite queue très-courte au nœud de sa branche. Ces fruits sont quelquefois très-serrés les uns contre les autres, tant il s'en trouve à chaque nœud ; de là vient qu'ils ne peuvent mûrir tous ensemble, et qu'on est obligé de s'y reprendre à plusieurs fois pour faire la récolte.

Ces fruits blanchissent, puis jaunissent, deviennent rougeâtres, puis d'un beau rouge, et enfin d'un rouge obscur dans leur parfaite

maturité. Ils ressemblent tellement aux cerises que si on en mettait parmi ces derniers
fruits, on ne les reconnaîtrait qu'en les man-
geant, et par leur odeur et la forme du noyau
qui se divise en deux parties ; aussi appelle-
t-on, dans les Antilles, le fruit du Cafier *cerise
de Café*.

Le fruit du Cafier acquiert la grosseur d'un
bigarreau moyen ; il présente à son sommet
un petit ombilic. Sa pulpe, qui est recouverte d'une peau très-mince et molle, est
pleine de suc comme la cerise, mais elle est
mucillagineuse, blanchâtre, glaireuse, d'une
saveur fade et douceâtre. Cette saveur change
en celle de nos pruneaux lorsque la pulpe est
desséchée (1).

On appelle *Café en coque* le fruit entier et

---

(1) La pulpe nouvelle du Café a des propriétés malfaisantes;
lorsqu'on en mange une grande quantité, elle cause la dys-
senterie ; plusieurs personnes sont mortes pour en avoir
mangé immodérément.

desséché, et *Café mondé* celui qui est dépouillé de la coque et de la peau.

La matière charnue qui forme le fruit appelé *cerise de Café* sert d'enveloppe à deux coques minces, dures, ovales, accolées l'une à l'autre par le côté plat, convexes en-dessus, plates en-dedans. Ces coques sont ce que les planteurs de nos colonies appellent *le parchemin;* le Café qui, dépouillé de la pulpe, conserve encore cette peau jaunâtre, est appelé *Café en parchemin,* et les colons, par abréviation, le nomment *Café en parche.*

Les coques, dans ce dernier état, contiennent chacune une semence formée d'une substance très-dure, de la nature et de la consistance de la corne.

Chaque semence, connue généralement dans le commerce sous le nom de *Café en grain,* est ou ovale ou arrondie, convexe en-dessus, plate en dedans, sillonnée dans le milieu d'une raie assez profonde, et possède, outre sa coque ou membrane coriace, une seconde enveloppe formée d'une pellicule très-légère.

Lorsqu'une des deux semences vient à avorter, celle qui reste acquiert plus de volume et occupe seule le milieu du fruit, qui pour lors n'a qu'une loge. Cet avortement se rencontre plus souvent dans les Cafés qui nous viennent de l'Arabie que dans ceux que nous tirons des colonies de l'Amérique.

Le grain nu du Café est jaune, vert, ou blanc. Sa couleur, sa forme et son odeur diffèrent suivant les pays qui l'ont produit, sa culture, la manière dont il a été préparé, et les divers accidens qu'il a pu éprouver.

CHAPITRE VIII.

CULTURE DU CAFIER.

Le Café demande un climat tempéré. Il ne prospère que sous un ciel où l'hiver ne se fait pas sentir; il réussit très-bien dans les pays situés entre les tropiques ou dans leur voisinage. On le cultive avec succès en Arabie aux îles de France, de Bourbon, à Java, dans les Guyanes française et hollandaise, et dans toutes les Antilles; mais l'Arabie est depuis long-temps en possession de fournir le meilleur Café. C'est principalement dans le royaume d'Yémen, vers les cantons d'Aden et de Moka, que se trouvent les grandes plantations de Cafiers.

Tous les terrains conviennent au Café, pourvu que ses racines pénètrent facilement le sol. Il demande une terre légère et rocailleuse plutôt que substantielle et forte; il réussit dans de mauvais terrains dont on ne pouvait tirer aucun parti, et n'exige point de travaux pénibles; un sol trop riche produit une belle végétation, mais ne donne pas de bons fruits.

Cet arbre se plaît surtout sur les collines et sur les montagnes exposées au levant, et dans les endroits où la terre, arrosée par des pluies douces, jouit de la fraîcheur des rosées et où le grain est mûri par une chaleur tempérée; c'est ce qui le fait réussir à Bourbon; il ne prospérerait pas dans un terrain aquatique. En général le degré de bonté du Café paraît correspondre au degré de sécheresse du climat où on le cultive.

Quoique le royaume d'Yémen soit dans une température très-chaude, les montagnes qu'il renferme sont froides, et les arbres qui portent le Café sont ordinairement plantés à mi-côte et en ligne. Quand on établit une caféyère en plaine, on met d'autres arbres auprès des Cafiers pour les préserver de l'ardeur excessive du soleil qui dessécherait les fruits avant leur maturité. Le pied du Cafier étant ami de l'eau, les Arabes jettent des pierres dans les fosses qu'ils creusent pour le planter, puis ils détournent les sources et les conduisent au pied des arbres, qui croissent dans cette contrée jusqu'à la hauteur de huit coudées ; on ne connaît pas en Arabie la méthode d'étêter les arbres ni les autres précautions que l'on prend dans les Antilles.

Quoique le Cafier soit originaire des pays chauds de l'Asie et de l'Afrique, on peut le naturaliser dans les parties australes de l'Europe. Il n'a pas besoin d'une chaleur excessive, elle lui est même nuisible. On peut le cultiver dans nos climats, dans des serres chaudes, en ayant soin de maintenir la chaleur de 13 à 15 degrés de Réaumur.

Le Café est planté de deux manières : *à demeure* ou en *pépinière*.

La saison la plus favorable pour les semis est celle des équinoxes et des deux mois suivans; ainsi on commence à l'équinoxe de septembre, dans les pays situés en deçà de l'équateur, comme la Martinique et Saint-Domingue, et à l'équinoxe de mars, dans les contrées placées au-delà de la ligne, comme aux Iles de France et de Bourbon. Les jeunes plants n'auront à supporter que la chaleur du soleil d'hiver de ces climats, et seront assez forts lorsque celle du soleil d'été se fera sentir. En semant dans une saison contraire, on exposerait les Cafiers à périr dès leur naissance.

Le Café est semé à *demeure* dans les quartiers pluvieux et sujets aux ouragans; par cette méthode, on s'épargne beaucoup d'embarras; la caféyère est plus tôt établie, et les arbres, non transplantés, sont plus solides sur leur pivot, et résistent mieux à la violence des vents.

Pour établir une caféyère à *demeure*, on plante des piquets en quinconces, et espacés convenablement; au bas de chaque piquet on fait un trou, dans lequel on met plusieurs graines de Café que l'on couvre. Quand les plants ont environ 12 à 15 pouces de hauteur, on les arrache, ne laissant dans chaque trou que le plus vigoureux.

Il faut en général que le Café soit abrité des rayons trop vifs du soleil, et des vents trop violens; mais les abris doivent être combinés de manière qu'ils ne gènent en rien l'accroissement des arbres, ne les étouffent pas par leur masse, laissent l'air circuler librement autour de la plantation, et que le soleil ne frappe pas les fruits avant de les mûrir.

A la Martinique, les caféyères sont divisées par de grandes haies que les colons appellent *lisières*, et qui servent comme de brisevents. Elles croissent ordinairement à la hauteur de quatre à 5 mètres; on les recèpe tous les 4 ou 5 ans. Beaucoup de plantations con-

tiennent de grands arbres, tels que l'acajou
à pommes, le bananier, le corosolier, etc.,
qui ne subsistent que jusqu'à ce que les Cafiers aient acquis assez de force.

On plante le Café en *pépinière* dans les endroits où il pleut rarement. On choisit pour
l'établir un lieu assez découvert et un sol
médiocre. On prépare le terrain par plusieurs
labours, et on a soin de ne pas le fumer; on
le dispose ensuite en planches, dont les rayons
ont un demi-pouce de profondeur et sont espacés de sept à huit.

Les graines ou féves nouvelles, dépouillées
de leur pulpe et revêtues de leur enveloppe
coriace, sont semées à trois ou quatre pouces
de distance l'une de l'autre. Cette opération
n'exige guère plus de soins qu'on n'en met
chez nous à semer la salade.

On aura soin de ne prendre pour le semis
que des cerises fraîches et cependant bien
mûres. Les fruits tombés ne donnent que des
sujets faibles et languissans : les graines des-

séchées, ou qui ne sont pas récentes, ne lèvent pas. Pour rendre les féves plus faciles à manier, on les couvre d'un peu de cendre avant de les semer, mais on ne doit pas attendre plus de quinze jours après la récolte pour les mettre en terre : jusqu'à ce moment, on les laisse toujours dans la cendre, étendues dans un local couvert et aéré.

La pépinière doit être arrosée, soit à la main, soit par filtration ou par irrigation, surtout tant que les Cafiers sont jeunes; mais il faut avoir soin de ne pas répéter cette opération trop souvent et de ne pas submerger les plants, car les Cafiers trop arrosés et qui croissent dans un terrain trop humide, n'ont pas à la transplantation la vigueur des autres. Les arrosemens du soir sont préférables, dans les pays chauds, à ceux du matin et de la journée.

Après un mois, le Cafier commence à lever, et huit à dix mois après il peut être transplanté.

Les Cafiers sont transplantés dans l'hiver de nos colonies; c'est l'époque où ils ont le moins de sève. On les enlève avec ou sans leur motte; cette dernière méthode est la plus suivie; mais la première, quoique plus longue, est plus sûre et préférable, surtout quand la transplantation est faite dans un temps pluvieux. Les planteurs prétendent que la pleine lune de mars est l'époque la plus favorable pour cette opération.

Si le sol a de la profondeur, le pivot doit être conservé; si, au contraire, il est peu profond, il doit être taillé en pointe ou en bec de flûte, au moment même et dans le lieu de la transplantation; sans cette précaution, la racine ne pouvant percer le tuf ou la pierre qu'elle rencontrerait, se roulerait en vis, et serait sujette à être attaquée par les vers.

La méthode employée pour transplanter les Cafiers est très-simple; elle consiste à placer chaque plant dans le trou qui lui est destiné, et on presse ensuite la terre de chaque côté avec le pied.

Il n'y a pas de règle générale pour la profondeur des trous et la distance des plants entre eux. L'une et l'autre sont subordonnées non seulement à la qualité du terrain, mais encore à sa pente plus ou moins grande ou nulle, à son exposition, et même aux variations de l'atmosphère auxquelles est sujet le lieu où est établie la cafeyère. Cependant on doit espacer davantage les Cafiers, et faire les trous plus larges, dans les quartiers humides et fréquemment arrosés, surtout si le sol est plat, riche et profond. Dans les terrains en pente et secs, les plants doivent être plus rapprochés. Il faut avoir soin de creuser des trous plus larges dans les terrains nouvellement défrichés, parce qu'ils sont remplis de petites racines d'arbres, qui servent de pâture aux vers blancs, lesquels attaquent le pivot du Cafier et le font périr.

Pour la formation d'une caféyère, il faut

préférer les plants de sa pépinière à ceux pris chez ses voisins ou sous les vieux Cafiers. Il faut, autant que possible, qu'ils aient douze à quinze pouces de hauteur, afin qu'ils puissent supporter facilement les accidens de la transplantation. Lorsqu'elle est achevée, on abrite les jeunes Cafiers avec des branchages garnis de feuilles, et au bout de quinze ou vingt jours, lorsqu'ils ont repris, on retire les abris, et on laisse au pied des plants les feuilles, pour maintenir la fraîcheur et engraisser la terre.

Le carré de terre, à la Guadeloupe, planté en Café, contient communément 2,500 pieds et rapporte vingt-cinq quintaux de grain, à raison d'une livre par pied, produit moyen. Le carré de terre des colonies vaut trois arpens soixante-dix-huit perches et vingt-huit pieds carrés, mesure de Paris, ou dix mille pas carrés.

Soit qu'on élève le Café de graines semées en place, soit qu'on le transplante, pendant les deux premières années on ne doit cultiver entre les Cafiers que des maïs et des pois d'Angole. Après ce temps, il ne faut rien semer entre les Cafiers. On doit toujours avoir des plants en réserve pour remplacer ceux qui périssent par les coups de soleil, les gros vers, les sécheresses et les ouragans qui détruisent souvent les arbres les plus vigoureux.

Jusqu'au tems de la récolte, l'entretien de ces arbres est facile. On les sarcle deux ou trois fois; on arrache à la main ou avec un couteau fait exprès les mauvaises herbes, et au lieu de les brûler, on en fait des lits dont on entoure les pieds de Café et qui étouffent celles de dessous. On laisse aussi au pied des arbres les tiges sèches des plantes que l'on cultive sur le même sol, ce qui finit par former un excellent engrais. Trente nègres suffisent pour entretenir vingt carrés de Café.

Dans les quartiers secs, on retranche les branches gourmandes; on les laisse subsister dans les quartiers humides, afin de faire écouler la sève surabondante. Les branches rompues doivent être taillées dans le vif, et l'on doit appliquer sur la plaie de la terre humectée. Si les Cafiers sont renversés par un ouragan, il faut se hâter de les relever et de les raffermir au pied.

C'est pour rendre la récolte plus facile, et aussi pour garantir les Cafiers de la violence des vents qu'on a coutume, dans les Antilles, et même aux îles de France et de Bourbon, de les étêter dans leur jeunesse. Cette opération qui consiste à arrêter la croissance du Cafier, en cassant la sommité de sa tête, lorsqu'il est parvenu à la hauteur de six pieds, a de graves inconvéniens ; on est convaincu qu'elle appauvrit les arbres, qu'elle contrarie la nature, et qu'elle est la principale cause de l'infériorité du Café récolté dans nos colonies ; car il est hors de doute que l'arbre, auquel on laisserait prendre son accroissement, donnerait des fruits de meilleure qualité.

Le premier inconvénient qui résulte de l'é-
têtement est que les branches inférieures se
courbent vers la terre, sont sujettes à s'entre-
mêler, que les fleurs et les fruits reçoivent
moins directement les influences du soleil et de
l'atmosphère, et sont continuellement frappés
des vapeurs que la terre exhale. Dans les pays,
comme dans la Guyane, par exemple, où à
des pluies momentanées succède une chaleur
excessive, la terre, échauffée à quelques pouces de profondeur, exhale des vapeurs comme
celle de l'eau bouillante ; le Cafier, qui est ami
du frais, ne peut résister à une aussi rude
épreuve.

Un autre inconvénient est le dommage qui
résulte pour l'arbre des blessures qu'il éprouve
par cette taille continuelle ; l'air et l'eau pénètrent dans les branches, et facilitent leur des-
sèchement ; bientôt la carie et le dépérisse-
ment s'étendent des branches au tronc ; les
feuilles jaunissent, le fruit n'arrive pas à maturité, et l'on est obligé de couper au pied

l'arbre qui repousse avec vigueur, il est vrai, mais finit par dépérir sous les effets redoublés de l'étêtement.

Si la caféyère est bien entretenue et nettoyée d'herbes, au bout de deux ans elle commencera à donner un petit produit ; l'arbre présente à cet âge une jolie pyramide de cinq pieds. Ordinairement les Cafiers sont en plein rapport à la quatrième année ; ils donnent des fruits pendant quinze ou vingt ans, quelquefois trente ou quarante ; cela dépend du sol.

Les Cafiers produisent quelquefois moins d'une livre de Café par an ; mais, quand le terrain est fertile, ils en produisent quelquefois jusqu'à quatre. On a vu à Cayenne des Cafiers, livrés à eux-mêmes, qui, dès l'âge de cinq ans, avaient dix-huit pieds de hauteur, et produisaient chacun jusqu'à sept livres de Café par an.

Les vieux arbres produisent moins de fleurs et de fruits ; mais le Café qu'ils donnent est toujours plus mûr et plus parfumé.

On refait une pièce de Cafiers, en les coupant au pied, et ne réservant ensuite que les deux plus beaux rejetons qui doivent partir des racines ou du tronc tout près de terre.

La durée des Cafiers est plus ou moins longue, suivant qu'on les a cultivés avec plus ou moins de soin et d'intelligence.

CHAPITRE IX.

ANIMAUX NUISIBLES.

Souvent on voit, sans aucune cause appa-
rente, dépérir des Cafiers, et quelquefois
une caféyère toute entière ; ce dommage est
occasionné par un insecte que l'on nomme
mouche à café. Ce petit animal, qui est très-
long, porte à la tête deux scies, dont il se sert
pour entailler les Cafiers jusqu'au vif.

Quelquefois aussi le Cafier est attaqué par
un petit insecte blanc que les planteurs nomment *puceron*. Il ressemble à un petit flocon
de neige, et est du genre cygale. Il se sert d'une
espèce de trompe dont il est armé pour percer
les jeunes tiges des Cafiers. Il est nécessaire

alors de planter des ananas entre les arbres ;
l'insecte abandonne ces derniers pour manger les ananas dont il est fort gourmand, et
qui lui donnent la mort.

Les rats, de l'espèce des mulots, qui ont
été importés d'Europe, causent aussi beaucoup de ravage dans les cafeyères. Ces animaux, presque aussi gros que des chats,
grimpent sur l'arbre, y cueillent les cerises,
mangent la pulpe qui est fraîche et sucrée,
et laissent tomber les graines. Ces rats, qui
sont d'une grosseur extraordinaire, se mul-
tiplient d'une manière effayante pour les
planteurs. Chaque portée, qui a lieu tous les
mois, est de douze à quinze petits.

Les rats sont en bien plus grande quantité
à la Guadeloupe qu'à la Martinique, parce
que dans cette dernière colonie les serpens
les chassent et les détruisent. On est obligé
d'avoir constamment sur pied plusieurs nègres et des chiens occupés à leur faire la
chasse. Les nègres *ratiers* reçoivent une prime

par tête de rat. Le chien employé pour cette sorte de chasse est d'une espèce particulière, au museau allongé, aux pattes courtes; il entre dans les trous des rats et les saisit. Quelques voyageurs prétendent qu'en certains endroits les rats servent à la nourriture des nègres. M. Tussac rapporte qu'un planteur qui voulait vendre une caféyère, vantait à l'acquéreur la quantité de rats qu'elle contenait, et qui faisaient la principale nourriture de ses esclaves.

CHAPITRE X.

RÉCOLTE DU CAFÉ.

Lorsque le Café est parfaitement mûr, ce que l'on reconnaît à sa couleur d'un rouge foncé tirant sur le brun, on s'occupe de le recueillir.

En Arabie, la récolte du fruit se fait à trois époques; la plus considérable a lieu au mois de mai. On étend des pièces de toile sous les Cafiers qu'on secoue; tous les grains qui se trouvent mûrs se détachent facilement et tombent; on les met dans des sacs, et on les transporte ailleurs pour les faire sécher sur des nattes. Alors on les fait passer sous des cylindres de bois ou de pierre fort pesants qui

brisent la coque. Lorsque les grains sont dé-
pouillés de leur enveloppe et séparés en deux
petites féves, ou plutôt en deux moitiés qui
ne formaient qu'une gousse auparavant, on les
vanne et on les fait sécher de nouveau au soleil.
Telle est la méthode simple et facile employée
par les Arabes dans la récolte de ce fruit.

Comme il y a deux floraisons, il y a aussi
par année, deux récoltes ; chacune dure aussi long-temps à faire que la floraison à laquelle elle appartient, c'est-à-dire, près de
six mois, de sorte que les Cafiers portent en
même tems, pendant toute l'année, des
fleurs et des fruits de toutes grosseurs, verts,
rouges et noirâtres, selon qu'ils sont plus ou
moins mûrs.

Le temps du fort de chaque récolte n'est pas
le même partout.

A Cayenne et à Surinam, le tems du fort de
la récolte du printemps, l'époque où elle est le
plus abondante, est le mois de juin.

A la Martinique, la récolte de l'automne

commence à la mi-juillet; on ne trie alors sur les arbres que quelques fruits ; en août, on en recueille davantage ; en septembre est le fort de la récolte, et les Cafiers, à cette époque, sont couverts d'autant de fruits mûrs que de verts; en octobre, le plus fort de la récolte est fait ; en novembre, il ne reste plus que peu de graines sur les Cafiers; en décembre, la récolte est entièrement terminée.

Aux Antilles, la récolte du Café se fait à la main, et à deux ou trois époques. On doit, autant qu'on le peut, ne faire cette opération que dans un tems sec, afin de conserver la santé des noirs qui ont beaucoup à souffrir de l'humidité et de la chaleur. Les nègres qui sont occupés à cette opération, enlèvent les cerises de chaque anneau séparément, en tournant et retournant la main droite sur elle-même, tandis que la main gauche retient la branche. Cette précaution n'est applicable qu'à la grande récolte ; dans les autres on ne trouve des grains mûrs que çà et là, et l'on

est obligé de les cueillir un à un. Il faut ordinairement cinq nègres par chaque carré
pour récolter le Café. Les petits propriétaires
prennent à cette époque des journaliers.

Chacun des nègres qui récoltent le Café est
muni d'un panier de lianes dans lequel il
place les cerises à mesure qu'il les cueille ; on
doit avoir soin qu'ils ne cueillent pas les Cafés
verts, qu'ils n'effeuillent pas les extrémités
des branches des Cafiers, et n'endommagent
pas les bourgeons qui s'y trouvent et qui doivent fleurir bientôt après. Lorsque le panier
est plein , chaque nègre le vide dans un autre qui peut contenir sa charge, et qui lui sert
à porter le Café au moulin.

La cerise du Café, après avoir été cueillie,
doit subir plusieurs préparations avant d'être
livrée au commerce. Ces diverses préparations varient suivant les localités et diffèrent
peu entre elles; nous allons faire connaître
les plus usitées.

Aussitôt que la récolte est faite, le premier

6

soin doit être de dessécher la cerise, pour pouvoir détacher plus facilement la pulpe de la féve. On l'expose donc pendant quelques jours à l'air et au soleil sur des glacis pavés et recouverts d'un bon ciment, avec une pente pour l'écoulement des eaux. On doit avoir soin de ne pas laisser les graines en tas, de peur qu'elles ne prennent, en fermentant, un goût aigre et désagréable.

Dans quelques endroits on sèche la cerise à l'étuve, et cette méthode est préférable. On n'a point à craindre la fermentation; le desséchement est plus prompt, plus complet et présente une grande économie dans la main-d'œuvre. Dans les Antilles on se sert d'un moulin pour dépouiller le Café de sa pulpe pendant qu'elle est encore fraîche. Les planteurs de nos colonies rejettent cette pulpe comme inutile; les Arabes, au contraire, font sécher la cerise, parce qu'ils emploient la pulpe desséchée en boisson théiforme, et qu'elle est chez eux un objet de commerce.

CHAPITRE XI.

DESCRIPTION DU MOULIN A GRAGER.

Ce moulin est composé de deux cylindres
qui tournent verticalement, l'un de droite à
gauche, et l'autre dans un sens contraire. Ces
deux cylindres, du diamètre d'environ un
pied, sont de bois et couverts d'une planche
de cuivre disposée en forme de râpe. Par le
mouvement qu'on leur donne, ils s'approchent d'une troisième pièce immobile qu'on
nomme *mâchoire*. Au-dessus des rouleaux est
une trémie, dans laquelle on verse le Café pour
donner à manger au moulin. Le Café, qui est
naturellement enveloppé d'un suc extrême-

ment gluant, quitte sa cerise avec précipita-
tion, lorsqu'il tombe entre les cylindres qui le
dépouillent de sa pulpe, et il se divise en
deux parties dont il est composé, comme on
le voit par la forme du grain qui est plat d'un
côté et arrondi de l'autre. En sortant de cette
mâchoire, le Café entre dans un crible de
laiton incliné qui laisse passer la peau du grain
à travers les fils, tandis que le fruit glisse et
tombe dans les paniers, d'où il est transporté
dans un vase plein d'eau. On y laisse les féves
séjourner toute la nuit; alors elles se détachent plus facilement de leur gomme, ce qui
donne une grande facilité pour les laver.

CHAPITRE XII.

LAVAGE.

On se sert pour cette opération d'un bassin de maçonnerie dans lequel on remue un rabot pour détacher la matière mucillagineuse. D'autres font usage d'une espèce d'auge ; ceux qui n'ont ni l'un ni l'autre se servent de grands paniers qui font le même effet, mais qu'on est obligé de changer souvent, ou de tonneaux que l'on remplit d'eau jusqu'aux deux tiers.

Lorsqu'il se trouve des graines défectueuses, elles ne plongent pas comme les autres au fond du bassin : on a soin de les écumer et de les mettre à part. On les fait sécher, on les pile et on les vanne séparément; elles forment un Café inférieur appelé *écume*.

Lorsque le Café est bien lavé, on l'expose pour être séché sur des plates-formes ou glacis enduits de ciment ou carrelés, élevés de terre d'environ six pouces, auxquels on a donné une pente douce qui conduit l'eau vers les soupiraux qu'on a pratiqués pour la laisser s'écouler ; on a soin de remuer souvent les féves pour hâter la dessication et les empêcher de prendre un goût d'humide. Trois ou quatre jours de bon soleil suffisent. Dans cet état on l'appelle *Café séché en parchemin* ou *Café en parche*. Il y a des sécheries qui ont des cases à tiroirs que l'on tire lorsqu'il fait beau, et que l'on ferme en cas de pluie; mais toutes n'en sont pas pourvues. Les magasins dans lesquels on serre le Café, après qu'il a été desséché, ont ordinairement deux étages. Il faut avoir soin de l'y entasser le moins possible et de le faire remuer deux ou trois fois par jour, surtout dans les premiers temps qu'il a été emmagasiné.

Les Arabes ne font point sécher le Café comme dans nos colonies. Le grain ne reste pas exposé au soleil ou à l'humidité. Ce n'est qu'après dix-huit mois d'exposition à l'ombre et dans un air très-sec que le Café est mis au pilon.

CHAPITRE XIII.

PILAGE DU CAFÉ.

Les soins qu'exige le Café, lorsqu'il est ren-
tré, après avoir été séché, doivent engager à
le piler le plus tôt possible:

Il faut choisir pour cette opération un
temps sec et un beau soleil. Alors on descend
les féves sur le glacis ou aire carrelée, où elles
restent exposées aux rayons du soleil pendant
deux ou trois jours. Il faut attendre encore,
le jour où l'on se dispose à piler le Café, qu'il
ait été échauffé par les rayons du soleil,
car il ne saurait être trop sec; on reconnaît
qu'il est arrivé au point de sécheresse conve-

nable, lorsqu'avec de bonnes dents on a de
la peine à casser les grains.

Le Café est pilé de plusieurs manières différentes. Nous ne parlerons que des deux
méthodes les plus usitées.

Les uns se servent d'une meule d'un bois
dur et pesant, de six à huit pieds (2 à 3 mètres) de diamètre, de huit à dix pouces (20
à 25 centimètres) d'épaisseur à ses extrémités,
et d'un tiers plus épaisse dans son centre; un
mulet, un cheval ou une chute d'eau la font
tourner verticalement autour de son pivot.
Cette machine est assez semblable aux moulins dans lesquels on broie les pommes pour
en faire du cidre, ou à ceux qui servent à
broyer les olives pour en extraire l'huile.

En passant sur le Café contenu dans l'auge
de bois circulaire, la meule enlève le parchemin qui est très-friable, et n'est autre chose
que la pellicule qui s'est détachée de la graine
à mesure que le Café séchait. La féve reste alors
à nu , et l'on porte le tout au *moulin à vanner,*

D'autres pilent le Café dans de grands mortiers de bois d'essence dure du pays, tels que
le gayac, le balata et le courbaril. Les nègres
sont deux à deux à chaque mortier. Chacun
est armé d'un pilon avec lequel il frappe al-
ternativement à coups mesurés. Le Café se
détache facilement par cette méthode de son
parchemin ; on appelle cela *bonifier le Café*.
On a calculé que quinze nègres pouvaient
piler deux milliers de Café par jour. On choisit
ordinairement pour cette opération les nègres
les plus vigoureux.

CHAPITRE XIV.

VANNAGE.

Il convient de vanner le Café au sortir du pilon. On se sert pour cette opération d'une autre machine qu'on appelle *moulin à van*. Elle est armée de quatre pièces de fer blanc, posées sur un essieu, et agitées avec beaucoup de force par un nègre. Le vent que font ces plaques, nettoie le Café de toutes les pellicules qui s'y étaient mêlées, du parchemin pulvérisé et de la poussière; ensuite il est porté sur une table où les nègres le trient, c'est-à-dire, séparent des belles graines celles qui sont défectueuses, les ordures, les grains cassés,

noirs ou mal venus, et ceux attaqués des in-
sectes.

Après que le Café a été vanné et trié, on
expose de nouveau les grains au soleil sur
l'aire carrelée pendant quelques heures, ou
on les fait sécher à l'étuve ou au four, puis on
les laisse refroidir. Si on les enfermait au
sortir du pilon ou du moulin, ils contracte-
raient une odeur qui diminuerait de leur
qualité. Enfin lorsqu'on est sûr que le Café
est bien sec, on le met dans des sacs ou des
barriques. Les sacs, dans lesquels on le renferme, doivent être élevés au-dessus de la terre
ou du plancher, et disposés les uns sur les autres à angles droits, dans un lieu couvert et
aéré. On a observé que les souris ne touchent
jamais au Café en magasin, tandis que nous
avons vu que les rats dévorent les cerises sur
les arbres.

Après ces différentes opérations, le Café est
devenu denrée marchande, et peut être livré
au commerce.

CHAPITRE XV.

CAUSES DE L'INFÉRIORITÉ DU CAFÉ DES COLONIES EUROPÉENNES.

L'indifférence des colons sur le choix des terrains où ils établissent leurs caféyères, le peu de soin qu'ils apportent à la culture des Cafiers, l'usage qu'ils ont adopté de les étêter, contribuent puissamment à l'infériorité du Café cultivé dans les colonies européennes, infériorité qui consiste dans un goût herbacé plus ou moins prononcé, que n'a pas le Café des Arabes qui apportent un soin extrême à sa culture, à sa récolte et à sa dessication.

L'Arabe, plein de sollicitude pour cet arbrisseau précieux, est sans cesse occupé à

l'émonder, à lui donner un abri salutaire au
moyen d'un léger ombrage, à retrancher les
branches d'en bas pour ne laisser subsister que
celles d'en haut qui produisent une féve plus
parfumée. Dans les terrains trop secs, l'Arabe
est occupé soir et matin à détourner les eaux
de source, ou les petits ruisseaux qui sont
dans les montagnes, et à conduire ces eaux
par petites rigoles autour de chaque plant.
Il ne recueille le grain que quand il est parfaitement mûr, le fait sécher à l'ombre, et le
garantit de toute humidité, précautions que
l'on ne peut attendre d'un esclave, et qui
font que, quoique originaire du même pays,
le Café d'Arabie l'emporte toujours sur celui
d'Amérique.

Cependant une série d'observations a démontré que la nature du climat et du sol con-
tribue beaucoup plus que tout le reste à
l'infériorité du Café dans les colonies de l'A-
mérique.

M. de Mackau, en 1818, apporta à la Martinique des plants de Café Moka, que l'on mit au Jardin des Plantes ; les graines qu'ils produisirent furent distribuées à plusieurs habitans , et notamment à M. Morestin. La première année, le Café récolté était semblable à celui de Moka ; la deuxième année , il était moins beau, enfin il dégénéra jusqu'à devenir entièrement semblable au Café Martinique, provenant des anciens plants.

Aux inconvéniens d'une mauvaise culture dans les plantations des Européens, se joignent les défauts d'une récolte négligée. Le désir de s'enrichir promptement ne laisse pas aux colons, surtout dans les Antilles, le temps nécessaire pour décider la maturité complète du Café. On le recueille trop tôt, et, une fois recueilli , le même empressement se signale pour l'expédition , qui doit réaliser le bénéfice du planteur. Le Café est enfutaillé à demi-sec afin qu'il pèse davantage ; renfermé dans des sacs ou des barriques avant son entière dessication, il conserve une certaine

verdeur qui le fait s'imprégner plus facilement des corps placés dans son voisinage. Il
subit des degrés de fermentation, et prend
une couleur blanche ou d'un gris sale, qui
ôte de sa valeur sur les marchés ; souvent
même il arrive avarié.

Si l'on ajoute à toutes ces causes le peu de
soin que prennent les capitaines de navires
d'écarter du Café les objets du chargement,
susceptibles de lui donner une odeur étran-
gère, et de le corrompre dans la longueur du
trajet qu'il doit parcourir pour arriver dans
nos ports, tels que le rhum, le sucre, le poivre, etc., on ne sera plus étonné de trouver
dans le commerce tant de Cafés de l'Amérique médiocres ou mauvais, lesquels se ven-
dent pourtant, parce qu'il y a peu de connaisseurs de cette denrée, devenue aujourd'hui
d'un usage si général.

CHAPITRE XVI.

DU CHOIX DU CAFÉ.

Le choix du grain doit être la chose la plus importante aux yeux du véritable amateur de Café. Il doit être bien sec, dur, difficile à casser sous la dent, d'une couleur franche, d'une odeur parfumée, sans aucun goût étranger, sonore et lisse.

Il faut prendre garde que le Café n'ait été recueilli avant sa maturité, ce que l'on reconnaît facilement lorsqu'il est ridé, et à sa couleur blanchâtre ou d'un vert foncé.

En général, on doit préférer celui dont le grain est petit, bien entier, bien sec, bien

nourri , et qui ne laisse pas dans la bouche un goût âcre.

Il faut rejeter les Cafés *échaudés* , c'est-à-dire, ceux qui ont séché sur les Cafiers avant d'être arrivés à leur point de maturité, ceux qui sont légers, qui ont été mal séchés, enfin ceux qui ont été avariés d'une manière quelconque.

Il faut prendre garde encore que le Café n'ait été placé près de corps étrangers qui auraient pu lui communiquer une odeur désagréable. Cette féve, ainsi que nous l'avons déjà dit, s'imprégne si facilement des exhalaisons des autres corps, qu'on raconte que plusieurs sacs de poivre, ayant été pris à bord d'un vaisseau qui revenait des Indes chargé de Café , ont suffi pour gâter toute la cargaison (1).

On doit éviter avec soin le Café qui aurait été mouillé par l'eau de la mer, qui entre tou-

(1) Voyez le *Dictionnaire du Jardinier,* par M. Miller; 8ᵉ édition , article *Café.*

jours plus ou moins dans un navire ; ce Café, que l'on nomme *mariné,* est fort peu estimé, à cause de la salaison désagréable et de l'âcreté qu'il contracte par son contact avec l'eau de la mer, âcreté qu'il ne perd pas à la torréfaction, et qu'il conserve dans la boisson qu'on en prépare. On ne parvient en général à corriger sa mauvaise qualité, et à le rendre supportable qu'en le jetant dans l'eau bouillante ; on l'y laisse pendant quelques minutes, puis on fait sécher le grain dans un four ou une étuve, ou en l'exposant aux rayons du soleil. Le même procédé est applicable aux Cafés verts.

Quelques personnes prétendent que le Café vieux est préférable au nouveau ; c'est une erreur. Le Café nouvellement récolté est égal en qualité à celui qui est plus ancien, lorsqu'il a été cueilli bien mûr et qu'il a perdu toute son eau de végétation. Il lui est même supérieur, en ce qu'il a plus de parfum, plus de goût, et contient une plus grande partie d'huile. Mais si le Café vieux est généralement préféré en Europe, c'est que celui qui nous arrive des îles, ayant été souvent récolté avant son entière maturité, a besoin que le temps achève sa dessication. On a vu du Café avarié, oublié pendant plusieurs années dans un grenier, devenir excellent.

Après avoir indiqué les défauts généraux à éviter dans le choix du Café, il nous reste à traiter de chaque sorte en particulier.

CHAPITRE XVII.

STATISTIQUE DU CAFÉ.

AMÉRIQUE-SEPTENTRIONALE.

La Martinique.

La Guadeloupe.

Haïti (Saint-Domingue).

Marie-Galande.

Porto-Rico.

La Jamaïque.

La Dominique.

Cuba, qui produit les Cafés Havane et San-Yago.

AMÉRIQUE-MÉRIDIONALE.

La côte de Caraque, qui produit le Café Caraque et le Café de la Guayra.

Le Brésil, qui produit le Café Brésil, et le Café Rio.

La Guyane, qui produit les Cafés Surinam, Demerary, Berbice, Cayenne et Essequebo ; ce dernier, peu connu, est excellent.

DANS L'ANCIEN CONTINENT.

L'Arabie et principalement le royaume d'Yémen, et dans ce royaume :

Aden ou Udden,
Betelfaguy,
Galbany,
La Mecque,   qui produisent le Café
Moka,   appelé Moka.
Sanaa,

INDES ORIENTALES.

L'île de Java, qui produit les Cafés Java, Chéribon et Samarang.

L'île de Ceylan.

La Chine.

EN AFRIQUE.

L'île Bourbon.

L'île de France.

CHAPITRE XVIII.

CARACTÈRES COMMERCIAUX DES DIFFÉRENTES SORTES DE CAFÉ.

CAFÉ MOKA.

Le Café d'Arabie, connu sous le nom de *Café Moka,* tient le premier rang parmi toutes les autres sortes que l'on emploie en Europe. En effet, il les surpasse en qualité ; il est plus riche en principes volatils, plus agréable à l'odorat, et diffère essentiellement de tous les autres par le parfum exquis qu'il laisse dans la bouche et que l'on garde long-temps après l'avoir bu.

Le Café, appelé improprement *Café Moka,*

ne croît pas aux environs de la ville de Moka, mais à trente lieues plus loin. Les montagnes qui le produisent sont à une demi-journée de Betelfaguy ou Beit-el-Fakih, ville située au milieu des sables, à deux lieues de la mer Rouge. C'est sur ces montagnes, qui traversent le royaume du nord au sud, et principalement dans la partie occidentale, que sont plantés, dans une étendue de cinquante lieues de longueur et vingt de largeur, ces Cafiers sur lesquels l'Arabe récolte l'excellent Café qu'il vend à toutes les nations.

Betelfaguy est le centre et l'entrepôt général des Cafés de l'Yémen. Les Arabes de la campagne y apportent leur récolte dans de grands sacs de natte; ils en mettent deux sur chaque chameau.

C'est dans cette ville que se font les achats de Café pour toute la Turquie. Les marchands Turcs et Égyptiens y viennent faire leur provision; ils en chargent une grande quantité sur des chameaux, qui portent chacun deux balles, pesant environ deux cent soixante-dix livres, jusqu'à Moka.

De là, on le transporte sur de légers bâti-mens à Djedda, port considérable de la mer Rouge, et entrepôt de tout le commerce que les Turcs font en Arabie. De ce port, ce dernier peuple le dirige sur des bateaux non pontés vers Suez, dernier port du fond de la mer Rouge, éloigné de vingt-deux lieues du Caire, où on le transporte encore à l'aide de chameaux. Du Caire, les Turcs lui font descendre le Nil jusqu'à Alexandrie, d'où on l'embarque pour l'Asie ou pour l'Europe.

Le Café Moka est apporté d'Alexandrie à Constantinople par les caravelles du Grand-Seigneur; on distingue, dans cette dernière ville, trois sortes de Café d'Arabie : la meilleure, appelée Bahouri, est réservée au Grand-Seigneur et au Sérail ; les deux autres, nommées Saki et Salabi, sont celles que l'on trouve le plus communément dans l'Orient.

Le Café que les Européens tirent du Caire

et d'Alexandrie est généralement préférable
à celui qu'ils vont chercher directement à
Moka. La raison de cette différence est que
les marchands Turcs vont en Yémen avant la
meilleure récolte de chaque année. Ils se
transportent dans les meilleurs cantons, y
achètent le Café sur pied, ne le recueillent
que lorsqu'il est parfaitement mûr, le font
préparer eux-mêmes avec soin, puis l'expé-
dient pour l'Asie ou l'Europe, de sorte que
le Café que l'on trouve sur les marchés de
Moka n'est autre que celui que les Turcs ont
rebuté.

Il est très-difficile aux Européens de se pro-
curer du Café au Caire et à Alexandrie, car
l'exportation de cette denrée, de première
nécessité pour les peuples de ce pays, est dé-
fendue. Ce n'est que par la corruption qu'on
parvient à faire sortir de l'Égypte environ un
million et demi pesant de Café d'Arabie, dit
Café de Turquie, qui se trouve réparti entre
Marseille et les autres ports de l'Europe.

Le royaume d'Yémen produit environ treize millions de livres de Café. Les Turcs prennent le meilleur avec un peu de mauvais ; les Européens un peu de bon et beaucoup d'inférieur ; les Persans se contentent des dernières qualités ; quant aux Arabes, ils préfèrent la coque du Café au fruit.

On connaît dans le commerce trois sortes de Café d'Arabie, désignées indistinctement sous le nom de Café Moka :

Le Café Ouden ;

Le Café Moka ;

Le Café du Levant.

Le Café Ouden, qui se récolte sur les montagnes qui environnent cette petite ville, distante de vingt-quatre lieues de Moka, passe pour le meilleur de tous les Cafés que produit l'Arabie, et obtient la préférence des Européens. Mais, comme en France surtout, on ne paie pas assez cher les Cafés de cette qualité, on les remplace par d'autres sortes plus belles à l'œil, mais inférieures en parfum.

Le Café d'Ouden est facile à reconnaître en ce qu'il est plus gros, plus vert et plus pesant.

Les Cafés de Sanaa et de Galbany ne sont pas aussi estimés que ceux de Betelfaguy.

Les Cafés de Moka et du Levant ne diffèrent que par les pays d'où nous les avons reçus, et par une nuance de qualité toujours au désavantage de la seconde sorte.

Ainsi les Cafés du Levant nous viennent par la voie d'Alep, de Smyrne, et autres Échelles.

Le Café Moka est tiré du Caire, d'Alexandrie et souvent directement de Moka.

Celui qui nous vient par la voie d'Alexandrie est plus petit, plus verdâtre, plus parfumé.

Entre le gros blanchâtre qui nous vient par Moka, et le petit verdâtre qui nous est apporté du Caire, il faut préférer ce dernier comme le plus mûr et celui qui a le meilleur goût.

Le Café Moka véritable est d'une couleur

jaune ou verdâtre, recouvert d'une pellicule
dorée; sa forme est plate, courte, souvent
arrondie; en général le grain est petit, mais
lourd, très-sec sans être aride, un peu rou-
lé, et sonnant dans la main; l'odeur en est
très-agréable, même lorsqu'il n'a pas été
torrifié. Lorsqu'il a été torréfié, son odeur
est agréable sans être forte, son goût est délicieux, mais n'est pas ausssi fort que celui
du Café des Antilles. Il contient moins de
gomme, moins d'acide gallique, plus de résine et plus d'arôme que les autres.

Si le Café Moka venait dans nos contrées,
tel que je viens de le décrire, il obtiendrait à
juste titre la préférence sur tous les autres,
mais celui que nous recevons est bien loin
d'avoir ces qualités.

Le Café Moka, tel qu'il nous arrive, est
jaune. Sa féve est petite, irrégulière, mal
préparée. Il contient des grains de toutes couleurs, d'autres recouverts de poussière et de
pellicules ou brisés, quelques-uns ont con-

servé leur coque. Ce Café est ordinairement chargé de pierres; son odeur est faible, mais assez agréable; son goût est peu marqué. Cependant il arrive quelquefois des parties de Café Moka d'une qualité supérieure; alors elles sont très-recherchées et obtiennent une préférence marquée sur toutes les autres sortes.

Le Café Moka doit être choisi en féves courtes, petites, presque rondes, plates, d'une couleur jaune, recouvertes d'une pellicule dorée, bien égales, contenant le moins de grains brisés et le moins de poussière possibles. Il doit avoir une odeur agréable qui lui est particulière et assez semblable à celle d'un Café qui aurait subi un léger degré de torréfaction.

Nous avons dit, en parlant de la culture, que la graine jumelle avortait plus souvent dans les Cafés de l'Yémen que dans ceux de l'Amérique; les marchands profitent de cette particularité pour tromper les consomma-

teurs, parmi lesquels il y a très-peu de connaisseurs, en triant les féves de Café ordinaire
venues seules dans la coque, et qui présentent
la forme de ces petites coquilles, connues sous
le nom de *pucelages*. Ce sont ces grains, pris
dans toutes les sortes, et quelquefois dans les
plus mauvaises, que nous voyons renfermés
avec soin, et comme une chose précieuse,
sous des cages de verre, dans l'étalage de nos
épiciers.

Le Café Moka vient en balles et demi-
balles en jonc de diverses formes et grosseurs,
recouvertes d'un tissu d'écorce d'arbre, et
liées de grosses cordes de jonc.

CAFÉ BOURBON.

Quelqu'un qui croirait devoir s'en rappor-
ter à l'opinion de certains auteurs, tels que
Le Gentil et autres, qui ont écrit sur cette
matière, penserait que le Café Bourbon est
tellement inférieur à celui de Moka qu'on ne

peut établir entre eux aucune comparaison. Ce fait, qui pouvait être vrai à l'époque où ces auteurs ont écrit, a cessé d'être exact.

Le Café Bourbon mérite, sous tous les rapports, la grande réputation dont il jouit aujourd'hui; mais, ainsi que les Cafés d'Arabie, il présente dans ses différentes sortes des qualités inférieures. Cette différence provient du sol dans lequel on a planté les Cafiers, de leur exposition, du peu de soins que l'on peut avoir apportés à la culture de l'arbre et à la préparation de la féve.

Comment, en effet, pourrait-il exister une si grande différence entre le Café Moka et celui de l'île Bourbon, puisque les Cafiers cultivés dans cette île, dont le climat et la latitude sont les mêmes que ceux de l'Arabie, proviennent des graines apportées de cette dernière contrée, et què la Compagnie des Indes y a entretenu long-temps en secret un agent pour étudier la culture du Café dans ce pays et se l'approprier.

On peut donc avancer hardiment que le Café Bourbon, lorsqu'il a été cultivé et préparé avec soin, peut être placé non pas au-dessous, mais à côté du Café Moka, qu'il égale en qualité; aussi, obtient-il dans le commerce une préférence qu'on a été long-temps à lui accorder.

Le Café Bourbon, qui est l'espèce qui ressemble le plus au Moka, est d'une couleur jaune ou verte, d'une grosseur médiocre, peu alongé, arrondi à ses extrémités, plat, contenant souvent des grains ronds. Sa pellicule est jaune, son odeur agréable, et son parfum très-doux, sans être aussi fort que celui du Café des Antilles. Sa féve est en général bien nourrie.

Le Café Bourbon contient trois couleurs :

Le blanc, le jaune et le vert; mais, comme tous les Cafés d'Orient, il tire sur le jaune et l'on distingue souvent en lui une couleur jaune plus marquée et plus absolue que l'on appelle *jaune doré*.

Le Café Bourbon blanc était autrefois la
seule nuance de Café Bourbon; peut-être a-
t-il acquis les autres par la perfection de sa
culture; aujourd'hui il est rare de la trouver
isolée; on ne la rencontre qu'avec les autres
nuances.

Le Café Bourbon de cette sorte est tout-à-
fait blanc, couvert de peu de pellicule, d'un
goût agréable, mais très-faible.

Le Café Bourbon vert n'est pas absolument
vert; le fond de sa couleur est toujours un
peu jaune. Cette espèce paraît être une sorte
commune dans le Café Bourbon; cependant
on en rencontre quelquefois des parties entières, bien choisies et d'une bonne qualité.
Ce Café est d'un vert moins vif que le Café
des Antilles, et recouvert d'une pellicule
jaune, quelquefois dorée et très-adhérente à
la féve. Les grains sont petits et arrondis; le
sillon longitudinal est peu prononcé. Son
parfum et son goût sont bons, mais moins
agréables que ceux des suivans. Le Café Bour-

bon de l'année est, en général, d'un vert clair tirant sur le jaune.

Le Café Bourbon jaune, lorsqu'il est d'une qualité ordinaire, ne diffère pas essentiellement du Bourbon vert, si ce n'est par une couleur jaune plus marquée et par un goût plus fin.

Le Bourbon jaune doré est le plus parfait de tous, le plus riche en parfum et le plus estimé. Il est jaune couleur d'or, et semble avoir déjà subi un commencement de torréfaction, fraude que se permettent quelquefois les marchands pour donner de la valeur au Café ordinaire. Sa pellicule dorée est très-adhérente et recouvre souvent le grain tout entier. On reconnaît facilement les grains qui auraient été brûlés par l'absence de la pellicule et par la sécheresse du grain. L'odeur du Bourbon jaune doré est plus forte que celle des Cafés de l'Amérique, et se rapproche beaucoup de celle du bon Café Moka.

Le Café Bourbon doit être choisi avec soin,

et l'on doit préférer surtout celui qui contient le plus de jaune doré, et qui ressemble le plus par sa forme au Café d'Arabie.

Quand le Bourbon vert arrive séparément, il faut le choisir en féves petites et arrondies, d'une couleur vive et brillante, et bien couvert de pellicules.

Le Café Bourbon jaune doré doit être égal, bien couvert de pellicules, contenant des grains ronds et d'une agréable odeur assez forte.

Depuis quelques années l'île Bourbon nous envoie une espèce de Café dont la féve est pointue à ses deux extrémités; la couleur en est jaune, et son odeur est assez semblable à celle du thé.

Le Café Bourbon vient en doubles sacs nattés de feuilles de vacoas, espèce de palmier naturel. Ces sacs, nommés *balles*, sont du poids de 5o et quelquefois de 25 kilogrammes.

CAFÉ MARTINIQUE.

Le Café Martinique tient le premier rang parmi les Cafés des Antilles. Nous avons vu par quels moyens M. de Clieux parvint à le transporter et à le faire prospérer à la Martinique.

Aujourd'hui la culture du Café semble vouloir disparaître du sol de cette colonie. La canne à sucre l'a remplacé presque partout, quoique sa culture exige beaucoup plus de peines et de soins, et que sa préparation nécessite des usines considérables; mais, le Cafier n'est en plein rapport qu'au bout de quatre à cinq ans, tandis que la canne à sucre ne demande que dix-huit mois pour arriver à parfaite maturité.

Dans les recensemens de la Martinique, en 1819, le Café ne figure que pour 2956 carrés, qui n'ont offert au commerce que 1,432,640 liv., qui, divisées par 2956 carrés de culture , donnent 485 livres de Café par carré de terre.

Nous ferons remarquer que le Café d'Arabie, transporté aux Antilles, a changé de couleur, et qu'on ne rencontre dans les îles aucun Café jaune.

La couleur dominante du Café de l'Amérique est le vert. Quant à la qualité , il est de beaucoup inférieur à celui cultivé en Arabie; mais une culture mieux entendue et plus soignée a fait disparaître ce goût herbacé qu'il possédait autrefois.

Le Café Martinique est plus fort que le Café Moka, mais son parfum est moins agréable. La culture, les précautions pendant la récolte, les soins apportés à l'exploitation de cette féve, joints à la différence du sol , font, sans doute, que les Cafés de l'Amérique ne peuvent entrer en comparaison avec ceux de l'Orient.

Le Café des anses d'Arlets est supérieur à celui des autres parties de l'île.

Le Café Martinique se distingue par sa féve
verte, longue, plate, assez grosse, recouverte
d'une pellicule ou arille blanchâtre et argen-
tée qui se détache par la torréfaction. Le sillon longitudinal est bien ouvert.

Lorsque ce Café présente une nuance bien
régulière, d'un vert vif, on l'appelle Martinique fin vert. En vieillissant, il blanchit;
mais, loin de nuire à sa qualité, cet accident
qui lui fait perdre le goût de vert qu'il pour-
rait avoir conservé, le rend préférable au
Café nouveau. Ce dernier est vendu d'ordinaire au consommateur qui, peu connaisseur,
préfère un Café qui lui donne une couleur
d'un beau vert à un grain d'une nuance pâle.

Le Café Martinique est divisé dans le commerce en plusieurs sortes qui ne diffèrent que
par leurs nuances. Ainsi l'on distingue :

Le Café Martinique fin vert ,

—   —   vert ordinaire ;

—   —   bon marchand ;

—   —   ordinaire marchand;

Le Café Martinique triage ;

— — commun.

Ces nuances sont plus faciles à reconnaître à la vue qu'à expliquer.

Quoique le Café Martinique soit bien inférieur à celui de Moka, nous en expédions chaque année une grande quantité pour la Turquie. La raison en est qu'étant moins cher que le Moka, il est employé par le peuple, pour qui il est devenu un objet de première nécessité.

Le Café de l'Amérique obtient la préférence sur celui de l'Yémen dans la Bulgarie, la Bessarabie, et aux environs du Danube.

Le Café Martinique vient en sacs de toile de chanvre, ou en futailles de diverses grandeurs, que l'on appelle boucauts, tierçons et quarts.

CAFÉ HAÏTI (SAINT-DOMINGUE).

Avant l'effroyable catastrophe qui a détruit Saint-Domingue, cette colonie produi-

sait autant de Café que le reste du monde
entier. On en retirait jusqu'à 82 millions de
livres. La culture y est aujourd'hui fort
négligée.

Quoi qu'en aient dit quelques auteurs, le
Café Saint-Domingue est en général inférieur
au Martinique, et se vend meilleur marché.
Sa féve est plus longue, plus grosse, plate,
présentant diverses nuances, depuis le vert
obscur jusqu'au blanc, et est peu couverte
de pellicules; ce qui la distingue, c'est que
ses extrémités sont terminées en pointes. Cette
sorte arrive presque toujours chargée de
pierres et de grains noirs ou brisés.

Le Café Saint-Domingue est rangé parmi
les Cafés ordinaires; il s'en rencontre quelquefois de très-bon dans le commerce; mais
il ne possède jamais l'odeur et la saveur du
Café Martinique, et il est toujours vendu à
un prix inférieur.

Les Cafés Saint-Domingue viennent en futailles et en sacs de toile de chanvre.

CAFÉ SUMATRA.

Les caractères particuliers au Café de Sumatra sont une féve ordinairement bien couverte de sa pellicule, alongée, de couleur jaune et quelquefois brune, une odeur forte, et une saveur amère.

Le Café de Sumatra nous arrive dans des sacs de toile de gunny, et quelquefois dans de simples nattes de jonc.

CAFÉ JAVA.

Ce Café est divisé en trois sortes, le Java, le Chéribon, et le Samarang.

Le Café Java, qui fut le premier transplanté dans les colonies européennes par les Hollandais, a beaucoup dégénéré; mais il a conservé la couleur jaune qui paraît dominer dans les Cafés de l'Orient.

Il est large, plat, d'une couleur jaune-brun

prononcée ; quelquefois il est d'un jaune pâle ou verdâtre.

Le peu de pellicules qu'il a conservées sont rougeâtres. Son parfum est très-fort, son goût amer, ce qui fait qu'on ne peut l'employer seul, et qu'il sert à donner de la force aux autres sortes ; il contient beaucoup de grains noirs ou cassés.

Le Café Chéribon tient le milieu entre le Java et le Bourbon ; quoique cultivé dans le même pays que le premier, il est moins long, moins large et moins jaune que le Café Java. La féve en est plus recourbée, mais la pellicule est la même.

Le Café Samarang que l'on rencontre rarement dans le commerce, se rapproche pour la forme et la qualité des deux sortes que nous venons de décrire.

Le Café Java vient en sacs faits en double toile de gunny.

CAFÉ GUADELOUPE.

Le Café Guadeloupe ne diffère pas essentiellement du Café Martinique dans les premières sortes; celui des Saintes est même
d'une qualité supérieure au Café de la Martinique (1).

On vante également celui du quartier du
Palmiste.

Les Cafés Martinique et Guadeloupe sont
souvent confondus, et le prix en est le même
dans le commerce.

La féve du Café Guadeloupe est luisante,
forte et alongée, nette, d'une couleur verte
bien égale, et plus ou moins plombée.

Dans les sortes ordinaires, le Café Guade-

(1) Les Saintes sont deux petits rochers à trois lieues
de la Guadeloupe, qui forment un point militaire; c'est un
endroit de relâche et d'hivernage pour les bâtimens de
guerre.

loupe contient des grains plus petits, plus ronds, plus recourbés.

Ce Café vient en futailles et en sacs de toile de chanvre.

CAFÉ CAYENNE.

Le Café de Cayenne, encore peu répandu dans le commerce, est, comme tous les autres Cafés de la Guyane, d'un vert obscur et terne. Son grain, large et aplati, est couvert d'une pellicule blanchâtre qui argente jusqu'à la partie plate du grain. Ce Café, lorsqu'il a été bien préparé et séparé des larges grains de qualité inférieure qui s'y trouvent mélangés, est très-bon, très-aromatique, et presque aussi estimé que le Bourbon de première qualité ; quelques-uns le placent immédiatement après le Moka ; mais, tel qu'il nous arrive le plus souvent, il possède une saveur et un parfum peu agréables.

CAFÉ HAVANE.

Le Café Havane (dans l'île de Cuba), est d'un vert tendre ou d'un vert-jaune. Les grains sont petits, réguliers entre eux. Le sillon longitudinal divise souvent la féve en deux parties inégales. La pellicule de cette sorte tire un peu sur le rouge. La qualité du Café de la Havane, dont 18,000,000 livres ont été réexportées en 1821, s'améliore à chaque récolte; la féve, qui d'abord était de mauvais goût et humide, est bien mieux préparée. On rencontre beaucoup de grains roulés dans cette sorte.

Le Café Havane vient en futailles ou en sacs de tissu d'écorce d'arbre.

CAFÉ DÉMÉRARI.

Ce Café , qui doit être rangé entre le Guadeloupe et le Saint-Domingue , est quelque-

fois d'une qualité supérieure, et quelquefois
très-mauvais. Sa couleur est ordinairement
d'un vert foncé et plombé. La féve de ce Café
est courte, lourde et couverte d'une pellicule
blanche.

CAFÉ JAMAÏQUE.

Le Café Jamaïque est quelquefois fin vert,
mais un peu pâle. Il est très-propre, sans
poussière. Le grain est plat, sec, cassant et
présente peu de pellicule.

CAFÉ DU BRÉSIL.

Ce Café, encore nouveau dans le commerce,
ressemble assez au Café Bourbon; comme lui
il présente les nuances verte ou jaune. Sa
féve, assez grosse, est régulière, peu alongée, peu pelliculée, et possède une odeur
assez forte.

Il vient en futailles et en sacs de toile.

CAFÉ DOMINIQUE.

On le rencontre rarement dans le commerce français. Lorsqu'il est bon, il est aussi estimé que celui de la Martinique et de la Guadeloupe ; mais on le place ordinairement après le Café Jamaïque, auquel il ressemble beaucoup.

La plus grande partie du Café de la Dominique, petite colonie qui appartient aux Anglais et est située entre la Guadeloupe et la Martinique, arrive en contrebande à la Guadeloupe par les Saintes.

CAFÉ DES BARBADES.

Ce Café est remarquable par sa forme presque toute ronde. Il se rencontre rarement sur nos places et peut être assimilé pour la qualité au Café Haïti (Saint-Domingue).

9

CAFÉ DE MARIE-GALANDE.

Ce Café présente absolument les mêmes caractères que le Café Guadeloupe.

CAFÉ CARÁQUE.

Ce Café, appelé aussi quelquefois Café de Guayra, est intermédiaire entre ceux de Bourbon et du Brésil ; on le vend souvent pour Haïti (Saint-Domingue) coloré ; mais il ne l'égale pas en qualité.

CAFÉ DE SURINAM.

Le Café de Surinam ressemble à celui de Cayenne ; mais le grain est ordinairement plus gros.

CAFÉ DE PORTO-RICO.

Ce Café ne diffère pas essentiellement du

Café Martinique ; mais la féve en est plus courte, et moins couverte de pellicule. Son odeur et sa saveur ne sont pas aussi agréables, aussi est-il moins estimé.

Le Café de Porto-Rico vient en futailles et en sacs de toile simple.

CAFÉ MANILLE.

Le Café Manille présente une féve de grosseur moyenne, d'un vert grisâtre, couverte de pellicule, et n'ayant qu'une odeur faible.

Il vient en double natte de jonc, de forme alongée, et liée avec du rotin.

Tels sont les caractères des diverses sortes de Café que l'on rencontre dans le commerce français ; caractères que nous avons décrits sur des échantillons conformes à ceux de la belle collection de la Bourse de Paris, formée par les soins de M. Delanoye, courtier de commerce, qui a consigné ses propres obser-

vations sur les caractères des productions na-
turelles, indigènes et exotiques, dans un ouvrage très-remarquable, fruit d'une longue
expérience, aidée de connaissances étendues.

CHAPITRE XIX.

CONSERVATION DU CAFÉ.

Le Café, ainsi que nous l'avons déjà dit, étant susceptible de s'imprégner de toutes les odeurs des corps qui l'environnent, et l'humidité lui étant pernicieuse, la meilleure manière de le conserver est de suspendre aux poutres d'un grenier, ou dans tout autre endroit à couvert, où il règne un grand courant d'air, le sac dans lequel il est contenu.

Jamais le Café ne saurait être trop sec; il est donc important de faire évaporer par la dessication l'eau de végétation dont il abonde lorsqu'il est nouvellement arrivé en Europe.

CHAPITRE XX.

DROITS SUR LES CAFÉS.

Les Cafés des colonies françaises, au-delà du Cap de Bonne-Espérance, paient 5o francs par 100 kil., net.

Les Cafés, provenant des colonies françaises en deçà du Cap, paient, de droit d'entrée, 6o francs par 100 kil., net.

Les Cafés provenant des établissemens français de l'Inde paient 7o francs par 100 kil., net ; et des établissemens étrangers de l'Inde, 85 francs par navire français, et 1o5 francs par navire étranger.

Les Cafés provenant d'ailleurs, hors d'Europe, paient, par navire français, 95 francs, et par navire étranger, 105 francs.

Les Cafés provenant des entrepôts paient, par 100 kil., net, 100 francs, par navire français, pour droits d'entrée, et par navire étranger, 105 francs.

Aux droits d'entrée dont nous venons de donner le détail, on doit ajouter le décime par franc ; ainsi chaque somme indiquée devra être augmentée d'un dixième.

CHAPITRE XXI.

DE LA TORRÉFACTION.

Les inconvéniens qui résultent pour l'économie animale de l'usage du Café mal préparé
sont un objet trop important, pour que nous
ne cherchions pas à éclairer les véritables
amateurs.

Les diverses opérations qu'exige cette féve
avant d'être prise en boisson sont plus difficiles qu'on ne le pense, pour être faites convenablement. S'il faut en croire Bernier, lors
de son voyage au Grand-Caire il n'y avait,
selon les connaisseurs, que deux hommes,
dans toute la ville, capables de bien préparer

le Café. Aussi n'est-il pas rare de voir des personnes, qui croiraient indignes d'elles de s'occuper d'affaires de ménage, rôtir elles-mêmes leur Café.

Après le choix du Café, la chose la plus essentielle est la torréfaction, qui développe le bouquet du Café.

S'il fût jamais une expression impropre employée, c'est celle de *brûler* le Café; en effet, si le Café au lieu d'être rôti ou torréfié, seules expressions convenables lorsqu'on parle de l'opération qu'on fait subir sur le feu à cette féve, si le Café, dis-je, était brûlé, au lieu d'offrir une boisson salutaire et agéable au goût, il ne présenterait plus qu'un breuvage rebutant; les principes de ce fruit auraient perdu leurs qualités douces et bienfaisantes; les parties volatiles se seraient dissipées et il aurait pris un caractère d'huile brûlée, un goût amer capable de causer l'irritation et le désordre dans les fonctions du corps, de porter au cerveau; de là les migraines, l'insommie et autres incommodités.

Il faut avoir soin d'entretenir sous le vase, dans lequel on opère la torréfaction, un feu très-modéré et égal, si l'on veut conserver l'arôme du Café et ne pas décomposer l'acide, la gomme et la résine; il faut faire en sorte que le Café ne soit pas saisi par une trop grande chaleur et soit rôti d'une manière uniforme.

On a long-temps cru que les plats en terre vernissée étaient préférables pour torréfier le Café; c'est une erreur. En effet, on doit éviter avec soin les vaisseaux qui laissent la féve à découvert et il a été reconnu que le fer ne présente aucun inconvénient.

La machine généralement employée pour rôtir le Café est un cylindre de tôle traversé par un axe de fer. Cet axe porte à ses deux extrémités sur les côtés d'un réchaud que l'on remplit de charbons ardens; il faut avoir soin de ne pas employer, comme le font quelques limonadiers et les épiciers, du bois pour la torréfaction du Café ; ces derniers surtout se servent souvent de débris de barils qui ont servi à contenir de l'huile, et qui répandent en brûlant une odeur désagréable qui se communique au Café.

On tourne sans cesse le cylindre qui contient le Café, en ayant soin d'entretenir le feu sans l'augmenter et de tenir le tambour bien fermé ; de temps en temps cependant il est nécessaire de l'ouvrir pour juger du degré de torréfaction, mais il faut le refermer promptement.

Le Café exposé au calorique, augmente de volume, sa pellicule se détache, il répand une odeur très-agréable.

Il est assez difficile de déterminer le temps nécessaire pour conserver au Café ses principes les plus agréables en le torréfiant ; cependant, on peut dire qu'il faut au moins une heure d'un feu égal et doux pour griller le Café d'une manière convenable ; le grain fume, prend une couleur marron, il transpire, c'est-à-dire que l'huile commence à s'en séparer, ce que l'on reconnaît à la surface du grain qui devient luisante; c'est alors qu'il faut le retirer.

Celui qui a quelque habitude de cette opération, n'a même pas besoin d'ouvrir le tambour pour voir la couleur du Café; il reconnaît que la torréfaction est suffisante par l'odeur seule qui se répand dans l'atmosphère environnante et lui communique un parfum délicieux.

Lorsqu'on a enlevé le cylindre de dessus le réchaud, on l'agite quelque temps en l'air en tous sens, pendant environ deux minutes; puis on le verse sur une table de marbre ou de pierre en ayant soin qu'un grain ne touche pas l'autre. L'attouchement d'un corps froid et l'air de l'atmosphère saisissant la féve de haut et de bas, arrêtent l'évaporation de l'huile essentielle et la concentrent dans le grain.

Quelques personnes ont la mauvaise habitude d'étouffer le Café, au sortir du tambour, dans une serviette ou du papier. Cette méthode est très-mauvaise et ne doit plus être employée que par quelques vieilles cuisinières, que rien ne pourra faire sortir de l'ornière de la routine ; en effet, la serviette et le papier dans lesquels on a étouffé ou sur lesquels on a étendu le Café, restent imprégnés d'une substance huileuse, qui n'est autre chose que l'huile essentielle que le Café a perdue et qui ne se retrouvera plus dans la boisson.

Dans l'Inde, et même en Europe, dans certaines contrées, on a l'usage de mettre dans le cylindre, lorsque le Café commence à se colorer, un peu de beurre frais, la quantité nécessaire seulement pour couvrir la surface des grains d'un léger vernis qui retient l'huile essentielle et l'empêche de s'évaporer.

D'autres l'étendent chaud et suant sur un papier blanc et le saupoudrent avec du sucre.

Quand le Café est refroidi, il faut le mettre

dans un vaisseau de porcelaine, de grès ou de faïence, et le fermer hermétiquement avec son couvercle; on doit éviter avec soin de le mettre dans des vases de ferblanc; nous expliquerons, dans un autre chapitre, les inconvéniens que présente ce métal.

On doit laisser le moins d'intervalle possible entre la torréfaction du Café et son infusion; plus on tardera et plus le Café perdra de son arôme; aussi, les véritables gourmets ne font rôtir que la quantité de Café qu'ils destinent à la consommation du jour.

La livre de Café perd deux onces et demie à la torréfaction; ainsi une livre de Café torréfié ne pèse plus que treize onces et demie; lorsqu'elle pèse moins, c'est que le grain est charbonné.

Le Café Moka doit subir un degré de torréfaction moindre pour ne pas perdre ses parties volatiles.

Les Cafés de l'Amérique et des Antilles, dans lesquels le principe aqueux l'emporte sur le principe huileux, doivent être torréfiés davantage pour perdre la surabondance d'eau qu'ils contiennent.

Le premier doit être retiré du réchaud aussitôt qu'il est d'une couleur cannelle foncée, et les autres lorsqu'ils ont atteint la couleur marron.

En général le Café torréfié doit être plutôt blond que brun, mais jamais il ne doit être noir.

Le Café Martinique employé seul, ne donnant pas toujours une boisson agréable, surtout lorsqu'il n'est pas bien sec, on le mélange ordinairement avec le Bourbon; on les torréfie à part, et on les broie ensemble.

CHAPITRE XXII.

MOULIN A CAFÉ.

Lorsque le Café est grillé au point convenable, il faut, ainsi que nous l'avons dit, le laisser refroidir avant de le moudre ; car sa substance étant toujours un peu pâteuse, tant qu'elle n'est pas refroidie, resterait dans la noix du moulin et ne passerait pas.

On ne doit moudre que la quantité que l'on veut employer immédiatement ; quelque soin qu'on prenne de l'enfermer dans des vases bien clos, il perd toutes ses propriétés aromatiques lorsqu'il a été moulu d'avance.

Les Turcs ne se servent pas de moulins tels

que ceux que nous employons pour triturer
le Café; ils le pulvérisent dans des mortiers
et avec des pilons de bois. Le baron de Tott,
dans ses Mémoires, dit que les mortiers et les
pilons qui ont servi long-temps à cet usage,
deviennent précieux, et sont vendus à un prix
très-élevé.

M. Olivier, de l'Institut, et M. Cadet de
Vaux, regardent la pulvérisation faite au
moyen de mortiers de bois, comme infiniment
préférable; l'expérience leur a démontré
qu'elle donnait au Café plus de parfum.

L'auteur de la *Physiologie du Goût* a également été convaincu, par une expérience
tentée sur parties égales de Café broyé au moulin et de Café pilé au mortier, de la supério-
rité de cette dernière méthode.

Il faut donc, si l'on ne pile pas le Café, ce
que devront faire cependant les véritables
gourmets, se servir de moulins qui le tritu-
rent le plus menu possible; et, en effet, plus
le Café présentera à l'eau de surfaces divi-

10

sées, plus celle-ci lui enlèvera de principes constituans.

Après avoir fait griller le Café, quelques personnes, au lieu de le moudre, versent de l'eau bouillante sur le grain entier, et composent ainsi une liqueur moins forte que celle que l'on sert communément sur nos tables.

CHAPITRE XXIII.

PROPORTIONS DANS LESQUELLES ON DOIT EMPLOYER LE CAFÉ.

Pour la commodité des consommateurs, les ferblantiers, et les inventeurs des appareils à préparer le Café, ont construit une petite mesure qui est ordinairement en fer-blanc; celles en étain, en faïence, en porcelaine ou en argent doivent être préférées. J'en ai fait disposer plusieurs en ce dernier métal, pour le service de quelques amis, par M. Durand, orfévre, rue du Mouton, près l'Hôtel-de-Ville, qui sont d'un prix très-modéré, et réunissent à l'élégance l'avantage d'être très-justes, ce que l'on ne rencontre jamais dans les mesures des ferblantiers, qui construisent leurs ustensiles avec peu de soin; cependant, de l'exactitude de la mesure dépend la bonté du Café.

La mesure contient une demi-once de Café.

La tasse d'eau, de la grandeur de celles que l'on emploie ordinairement pour prendre le Café, pèse quatre onces.

POUR SIX TASSES.

La quantité ordinaire de Café employée pour six tasses est de quatre mesures ou deux onces.

La mesure d'eau nécessaire, pour obtenir six tasses écoulées, est de six tasses (vingt-quatre onces d'eau), plus une tasse (quatre onces), qu'il faut ajouter pour l'absorption du marc, total ; sept tasses d'eau.

En effet, il est reconnu que deux onces de Café, qui font quatre mesures, absorbent

quatre onces d'eau, ou une tasse qui est re-
tenue par le marc.

Ainsi, *deux onces de Café (quatre mesures)*,
sur lesquelles on jettera sept tasses d'eau, don-
neront pour résultat six tasses de Café excel-
lent.

D'après les proportions dans lesquelles on
a employé le Café et l'eau pour six tasses, il
est facile de calculer que :

POUR TROIS TASSES.

On n'emploiera qu'*une once* (deux mesures),
de Café, sur laquelle on versera *trois tasses*
et demie d'eau ; il s'écoulera trois tasses de
liqueur, et une demi-tasse sera absorbée par
le marc.

POUR UNE TASSE.

Une once de Café pouvant servir pour trois

tasses, chaque tasse de Café n'emploie que le tiers d'une once.

Le Café absorbant une tasse d'eau par deux onces, ou quatre mesures, quantité généralement adoptée pour six tasses, une seule tasse n'exigeant que le tiers d'une once, n'absorbera que la sixième partie d'une tasse d'eau; il faudra donc verser, sur *un tiers d'once de Café*, quantité nécessaire pour obtenir une tasse de liqueur, *une tasse d'eau, plus la sixième partie de la tasse.*

Résumons-nous, et disons que :

Chaque tasse de Café demande un tiers d'once de Café, et une tasse un sixième d'eau.

Quelques personnes n'emploient que deux onces de Café (quatre mesures), pour obtenir huit tasses; ils versent neuf tasses d'eau sur le Café; huit s'écoulent, la neuvième est absorbée par le marc.

Le Café obtenu, avec cette proportion de

Café et d'eau, est suffisamment fort et excellent.

QUANTITÉ DE TASSES PRODUITES PAR UNE LIVRE DE CAFÉ.

On voit, par ce que nous venons de dire;
que :

Une livre de Café, après la torréfaction, se
réduisant à treize onces et demie, chaque once
donnant trois tasses de Café, en employant
*deux onces pour six tasses, on obtiendra qua-
rante tasses et demie de Café avec une livre.*

Si l'on n'emploie que *deux onces pour huit
tasses,* la livre de Café torréfiée, réduite à
treize onces et demie, donnera *cinquante-
quatre tasses;* et le Café, nous le répétons,
sera très-bon.

Ces détails ne seront peut-être pas du goût
de tout le monde, et principalement de celui

des cuisinières; si nous les avons donnés d'une manière aussi minutieuse, c'est que nous avons remarqué que la plupart des livres, qui traitent de l'économie domestique, indiquent des recettes très-bonnes pour celui qui les comprend, mais exprimées la plupart du temps en termes qui ne sont pas à la portée de tout le monde.

CHAPITRE XXIV.

PRÉPARATIONS DIVERSES DU CAFÉ.

DU CAFÉ PAR ÉBULLITION.

La préparation du Café mérite de fixer l'attention du gourmet.

En effet, il ne suffit pas d'avoir fait choix d'un excellent Café bien sec et non mariné, il ne suffit pas de l'avoir torréfié à un point convenable, de l'avoir moulu bien fin, ou même de l'avoir pilé, la condition la plus essentielle de la qualité de la liqueur est sa préparation.

Louis XV faisait son Café lui-même ; c'est

le seul bon exemple qu'il nous a laissé; il a
été suivi par Delille, chez qui personne n'u-
surpait ce soin, et par des hommes du plus
grand mérite qui savaient trop qu'il faut peu
de chose pour que du Café, qui aurait pu être
excellent, devienne détestable.

Tout véritable amateur de Café, toute maî-
tresse de maison, qui aura à cœur de présenter à ses convives une boisson délicieuse et
salutaire, ne confiera point à des mains étran-
gères la préparation d'une liqueur, si facile
d'après les procédés que nous indiquons, et
qui ne sont autres que ceux vantés par plusieurs chimistes habiles, et qu'une longue
expérience nous a démontré devoir être les
seuls adoptés.

Je sais combien est puissant chez nous
l'empire de la routine; certes, je n'ai pas la
prétention de faire renoncer à leurs anciennes habitudes des cuisinières entêtées, ou des
vieillards ennemis de tout ce qui est nouveau;
mais, si j'ai pu détourner de la mauvaise route

quelques personnes toujours prêtes à adopter ce qui est bon, et qui n'ont pas la funeste manie de condamner les innovations sans les connaître, mon but sera atteint, je serai satisfait.

L'usage qui a long-temps prévalu, pour préparer le Café, et qui subsiste encore dans un grand nombre de maisons, consiste à le jeter dans l'eau bouillante, alors qu'elle est encore devant le feu; on a soin, pour éviter la mousse, de ne mettre le Café dans l'eau que par cuillerées; puis on le laisse dans l'eau en ébullition jusqu'à ce qu'il soit précipité, que la mousse ait disparu, et que, cessant de monter comme le lait, il soit devenu tranquille comme l'eau pure en ébullition. Alors on retire la liqueur du feu, et on la laisse reposer sur son marc.

Pour hâter la clarification, quelques personnes versent de haut un peu d'eau froide dans les derniers bouillons, posent la cafetière sur un corps froid, l'isolent du sol en plaçant une pièce de monnaie sous sa base, ou font dissoudre un morceau de sucre à la surface de la liqueur. Dans certaines maisons, et chez les limonadiers, on se sert encore de colle de poisson pour clarifier le Café, opération que l'ébullition rend très-difficile. Par ce moyen, il devient plus agréable à la vue, mais il perd de son parfum; la colle s'unit avec l'huile essentielle du Café, se l'approprie, l'en dépouille; et cependant, cette huile est la seule partie aromatique et agréable. Les Orientaux enveloppent la cafetière d'un linge mouillé en la retirant du feu, ce qui précipite le marc et clarifie le Café.

Plusieurs auteurs ont prétendu qu'il n'y avait qu'une seule méthode pour boire d'excellent Café ; elle consiste à jeter la fève réduite en poudre dans une cafetière d'eau bouillante, à la proportion d'une pinte, ou deux livres d'eau, pour deux onces et demie de Café. On remue le mélange avec une cuillère, et, quand la mousse est abaissée, on retire d'auprès du feu la cafetière, qu'on laisse au moins deux heures sur les cendres chaudes, hermétiquement fermée.

Pendant le temps de l'infusion, on agite la liqueur à plusieurs reprises avec un moussoir ou bâton à chocolat, et on la laisse à la fin reposer pendant un quart d'heure. Elle est alors clarifiée, et le Café, ainsi préparé, doit être parfait, s'il faut les en croire.

Disons de ces deux manières de préparer le Café par ébullition, qu'on ne peut obtenir par ce procédé qu'une boisson très-médiocre, et dont ne s'accommodera jamais le véritable amateur de Café.

En effet, il est reconnu, d'après les expériences réitérées de nos plus habiles chimistes, que l'eau en ébullition, c'est-à-dire à 80 dégrés, altère, dénature le Café, et, faisant évaporer l'huile essentielle, lui enlève sa saveur, et ce parfum si recherché des amateurs.

La liqueur, ainsi préparée, est foncée en couleur, et s'éclaircit avec peine; et comment pourrait-il en être autrement? La torréfaction a déjà développé tous les principes que contenait la féve; ils sont si faciles à extraire, et en effet, on voit l'huile essentielle paraître à la surface du grain, que l'eau froide même suffit pour les détacher. L'eau bouillante ne sert alors qu'à extraire des arrière-principes désagréables, tels que l'acide gallique, etc.; et au lieu d'une boisson qui, traitée par l'eau chauffée à 20 degrés de moins, aurait été délicieuse, on a un breuvage de très-médiocre qualité, quand il n'est pas détestable.

DE L'INFUSION A L'EAU BOUILLANTE.

Nous ne parlerons ici des chausses, faites avec un morceau d'étoffe de laine, taillé en forme de capuchon renversé, à travers laquelle filtrait l'eau bouillante en passant sur le Café, que pour dire qu'elles sont généralement abandonnées aujourd'hui.

Ces chausses, lorsqu'elles étaient neuves, n'étaient pas exemptes d'odeur; et à peine avaient-elles servi plusieurs fois qu'elles s'engraissaient; elles étaient difficiles à nettoyer, même en employant le jaune d'œuf; l'étoffe grasse altérait la qualité du Café, et, malgré tous les efforts que l'on faisait pour la rendre propre, elle était toujours d'une teinte sale, désagréable à l'œil.

L'instrument dont on se sert le plus ordinairement pour l'infusion du Café, est une cafetière en fer-blanc divisée en deux parties.

Celle de dessus contient un filtre ou crible percé de petits trous, sur lequel on place le Café en poudre, et au travers duquel doit passer le Café infusé. On le presse avec un fouloir de fer-blanc, afin que la liqueur, filtrant plus lentement, enlève plus de parties extractives du Café. Lorsque le Café est pressé, on retire le fouloir, et on place à la partie su-

périeure un second crible, dont les trous sont
beaucoup plus espacés et plus larges que celui de dessous sur lequel on a placé le Café en
poudre.

Cette espèce de passoire est destinée à empêcher la chute directe de l'eau sur le Café,
à la diviser de manière à ce qu'elle ne soulève
point le Café foulé.

On verse dessus une certaine quantité d'eau
bouillante, et on ferme la cafetière avec son
couvercle. La liqueur tombe faite dans la
seconde partie qui est au-dessous, lorsque
l'eau a traversé la couche de Café. Alors on
enlève la partie supérieure dans laquelle il ne
reste plus que le marc, et on prend son couvercle pour placer sur la partie de dessous,
qui est de la même grandeur, et qui doit être
servie sur la table.

Outre les deux parties que nous venons de
décrire, la cafetière Dubelloi et beaucoup
d'autres, faites d'après celle-ci, contiennent
un double fond destiné à recevoir l'eau bouil-

lante pour entretenir le Café chaud, au bain-
marie, pendant qu'il filtre.

Cette manière de préparer le Café, qui
consiste à jeter l'eau bouillante sur le Café
renfermé dans une cafetière de fer-blanc, au
lieu de le mettre simplement dans l'eau en
ébullition, présente, à peu de chose près, les
mêmes inconvéniens, auxquels il faut ajouter
ceux que présente le vase qui sert à la préparation.

M. Cadet de Vaux, auteur d'une Dissertation sur les différentes manières de préparer
le Café, et que l'on est contraint de citer à
chaque instant lorsqu'on parle d'économie
domestique, a remarqué que le Café traité
par l'infusion à l'eau bouillante, ne présentait qu'une pesanteur de 6 degrés 1/8, pour
six tasses, au *Caféomètre ;* tandis que le résultat était bien différent par l'infusion à l'eau
chaude, et même à l'eau froide.

Puisque nous avons parlé du caféomètre,
meuble indispensable à l'amateur de Café,

11

avant de traiter de l'inconvénient des vases de fer-blanc, nous allons en indiquer l'usage et en donner la description.

CHAPITRE XXV.

DU CAFÉOMÈTRE.

Cet instrument, dont M. Cadet de Vaux est l'auteur, n'est autre chose qu'un aréomètre ou pèse-liqueur; mais dont les degrés ont une distance plus grande pour mieux apprécier les nuances différentes de pondération. Dans l'eau pure, il plonge à zéro, ce qui est à la pesanteur ce que, dans le thermomètre, ce même zéro est à la congélation.

Les degrés au-dessous de zéro indiquent, dans le caféomètre, les degrés de pesanteur, comme dans le thermomètre ils indiquent ceux du froid.

Rien de plus simple que la marche et l'emploi de cet instrument; on a un tube de verre à pied de la capacité d'une tasse de Café; on verse le Café froid dans le tube, on y plonge le caféomètre, et l'on examine le degré que le Café porte.

On conçoit que marquant zéro dans l'eau, la tige de l'instrument va s'élever et marquer un, deux, trois, quatre degrés plus ou moins, selon la force du Café. Six degrés, divisés chacun par huitièmes, composent l'échelle.

Ce caféomètre a été construit par M. Chevallier (Le chevalier), ingénieur, opticien du roi, quai de l'Horloge, tour du Palais, vis-à-vis le Marché aux Fleurs, chez lequel on tronve cet instrument. Le caféomètre et le tube garni de son pied, pour faire les essais, coûtent cinq francs.

CHAPITRE XXVI.

INCONVÉNIENS DES VASES EN FER-BLANC POUR PRÉPARER LE CAFÉ.

Le fer-blanc, qui est généralement employé pour les instrumens destinés à préparer le Café, a de graves inconvéniens ; le plus grand est sans contredit la dissolution du fer.

Le Café contient de l'acide gallique, acide qui dissout le fer ; or, la surface du fer-blanc, surtout celui que l'on emploie pour les cafetières à bon marché, n'est pas recouvert d'une couche d'étain assez épaisse pour pouvoir résister à l'action continue de l'acide gallique, de l'eau et de la vapeur ; l'humidité l'attaque, et il ne tarde pas à se couvrir de rouille. On

s'en aperçoit surtout dans les endroits que
l'on peut difficilement essuyer, et qui conser-
vent l'humidité.

L'étain ne recouvrant que la surface du
fer, chaque trou du filtre présente nécessai-
rement dans son intérieur du fer à nu ; aussi
la rouille s'y établit-elle promptement.

L'acide gallique, que contient le Café, passant à travers ce crible, dont les trous, je le
répète, ne présentent que du fer, dissout ce
dernier, et ce n'est plus une boisson agréable
que vous préparez, mais une liqueur chargée
d'encre.

Il suffit, pour se convaincre de l'inconvénient des vases de fer-blanc, d'y laisser séjourner du Café ou même de l'eau pure ; le premier prendra une teinte noire, et tous les
deux, par leur contact permanent avec le
fer, se décomposeront, et le vase se couvrira
de rouille. Refroidis, les vaisseaux en fer-
blanc dans lesquels on prépare le Café, exha-
lent une odeur désagréable.

CHAPITRE XXVII.

APPAREILS EN PORCELAINE ET EN FAÏENCE.

Cet inconvénient des vases de fer-blanc a été
senti par beaucoup de personnes qui y ont
renoncé.

M. Cadet de Vaux, dans une dissertation
sur le Café, publiée il y a vingt-cinq ans,
avait conseillé de remplacer et le corps de la
cafetière et le filtre par la porcelaine. Il fit
exécuter des appareils ainsi construits par
M. Nast; mais ces nouvelles cafetières pré-
sentaient un inconvénient : on ne pouvait
établir en porcelaine le filtre assez régulier;
les trous étaient trop grands, et l'eau, s'é-

coulant trop promptement, ne pouvait extraire tous les principes solubles du Café : il
a donc fallu renoncer aux filtres en porcelaine.

Quelques fabricans maladroits, tout en
proscrivant le fer-blanc pour le corps de la
machine, avaient conservé le filtre de ce métal ; mais ils n'ont pas tardé à reconnaître que
la plupart des inconvéniens, qu'ils avaient
voulu éviter, se représentaient en maintenant
les filtres en fer-blanc, et ils les ont rempla-
cés par l'étain, qui ne présente aucun inconvénient.

Le prix des cafetières de porcelaine est toujours assez élevé; M. Harel, rue de l'Arbre-
Sec, n° 5o, connu par un grand nombre d'appareils propres à économiser le temps et le
combustible, a fait établir de fort jolies cafetières en terre de Sarguemine, qui supportent
beaucoup mieux le feu que la porcelaine, et
qui sont beaucoup moins cher.

Le filtre de ces cafetières, assez semblables

du reste à celle Dubelloi, est en étain; l'appareil de Harel ne présente pas, dans sa partie supérieure, le second filtre à trous plus espacés, ou passoire, dont nous avons parlé à l'article de l'infusion à l'eau bouillante, et qui est destiné, ainsi que nous l'avons dit, à empêcher la chute directe de l'eau sur le Café, à la diviser, de manière à ce qu'elle ne soulève point le Café foulé.

Après avoir pressé fortement le Café avec un fouloir en bois, tandis qu'il est en fer-blanc dans la cafetière dite Dubelloi, on laisse le fouloir sur le Café pendant qu'on jette l'eau, et ensuite on le soulève légèrement, pour le retirer de suite, et on couvre immédiatement la cafetière de son couvercle.

Peut-être serait-il mieux, au lieu de retirer ainsi le fouloir, qui est en bois plein, de le faire percer de trous comme une passoire, et de le laisser sur le Café pendant l'infusion; on ne s'exposerait pas, par ce moyen, à agiter le Café pressé en retirant le fouloir.

La base de la cafetière Harel pose dans un bain-marie destiné à tenir le Café chaud pendant son infusion, ou à le réchauffer s'il est préparé à l'avance.

Nous ne donnerons pas ici la description de toutes les variétés de cafetières qui ont été inventées; nous avons cru ne devoir indiquer que celle dont l'usage est le plus généralement répandu. On ne se sert plus guère de la cafetière *Morize;* quant à la cafetière *à sifflet* où à la *Laurens,* elle présente deux graves inconvéniens : le premier est que non seulement elle est en fer-blanc, mais encore qu'on ne peut nettoyer le double fond dans lequel on verse l'eau, qui doit monter par l'effet de la vapeur et retomber sur le Café; le second consiste en ce que l'eau est portée à un degré de température trop élevé.

CHAPITRE XXVIII.

DE L'INFUSION A L'EAU CHAUDE.

La qualité du Café en boisson dépend principalement du degré de chaleur de l'eau.
L'expérience a démontré que du Café de qualité médiocre, infusé à une chaleur convenable, donnait une liqueur très-bonne, tandis
que d'excellent Café, sur lequel on avait jeté
de l'eau bouillante, ou qu'on avait mis dans
l'eau en ébullition, n'avait offert qu'une boisson fort médiocre.

Ainsi donc, au lieu de jeter l'eau bouillante, ou à 8o degrés, dans une cafetière de

porcelaine ou de terre de Sarguemine, ceux
qui tiendront à ne pas boire de l'encre au lieu
de Café, n'emploieront que de l'eau chauffée de 5o à 6o degrés; on reconnaît ce degré
de chaleur quand on ne peut plonger le bout
du doigt dans l'eau sans se brûler.

Nous avons vu, en faisant l'expérience sur
six tasses, que le Café, traité par l'eau bouillante, n'offrait au caféomètre qu'un degré de
pondération de 6 degrés 1/8. La pondération
représente la qualité; ainsi, la première tasse
écoulée, marquant toujours un degré de pondération bien plus élevé au caféomètre, est
toujours bien supérieure à celles qui s'écoulent
ensuite, et surtout aux dernières; mais c'est
du mélange de ces différentes nuances de qualité, que présente chaque tasse qui s'écoule
depuis la première jusqu'à la dernière, que
dépend la somme totale de la qualité de la
liqueur.

On verse l'eau à deux reprises différentes
par parties égales; on doit attendre, pour

verser la seconde moitié d'eau, que l'infusion ait commencé à couler.

Voyons, d'après M. Cadet de Vaux, quel sera le degré de pondération de six tasses de Café, en employant l'eau très-chaude, sans bouillir, c'est-à-dire de 50 à 60 degrés.

1re tasse, 4 degrés 3/8.

2^e	1	5/8.
3^e	0	6/8.
4^e	0	4/8.
5^e	0	2/8.
6^e	0	1/8.

TOTAL 7 degrés 5/8.

On a donc obtenu pour résultat 7 degrés 5/8 par l'eau chaude, tandis que l'eau bouillante n'a présenté que 6 degrés 1/8 de pondération.

Renonçons donc à l'eau bouillante, qui n'est propre qu'à extraire du Café des principes qui ne servent qu'à détruire les parties aromatiques, qui en font une boisson délicieuse, et qui sont facilement extraites par l'eau chaude qui n'altère pas, et même par l'infusion à froid.

Le Café, infusé à l'eau chaude, est limpide, d'une couleur brillante; son parfum est délicieux, sa saveur est exquise. La première tasse écoulée est l'essence, véritable ambroisie digne des dieux; la seconde, quoique bien inférieure, puisque l'une marque au caféomètre 4 degrés 3/8, tandis que l'autre ne marque que 1 degré 5/8, possède un goût parfait; ce sont ces deux premières tasses écoulées qui communiquent aux quatre autres leur qualité, et donnent pour les six tasses, dans l'expérience que nous avons indiquée, une liqueur parfumée, et presque inconnue à tous ceux qui préparent le Café en suivant les anciennes méthodes.

CHAPITRE XXIX.

DE L'INFUSION A L'EAU FROIDE.

L'infusion à l'eau froide, comme l'infusion à l'eau chaude, enlève au Café tous ses principes aromatiques, et n'en extrait point, ou du moins détache fort peu d'acide gallique.

Le Café ainsi préparé est bien moins amer, il exige beaucoup moins de sucre, il n'est point comparable pour la qualité aux Cafés obtenus par l'ébullition ou l'infusion à l'eau bouillante; il exige fort peu de soin, car on peut préparer son Café le soir en se couchant, et on le trouve fait le matin à son lever.

C'est à tort qu'on a prétendu qu'il fallait plus de Café quand on faisait l'infusion à l'eau froide. Peut-être doit-on attribuer cette opinion à l'habitude que l'on a de voir du Café qui, chargé d'acide gallique, est très-foncé en couleur, tandis que le Café infusé à l'eau froide, ne présente que la couleur capucin-clair; mais tout ce qu'il perd en couleur il le gagne en saveur.

On doit mettre le Café, pour l'infusion à l'eau froide, dans les mêmes proportions que si on voulait verser dessus de l'eau bouillante, et, malgré sa couleur claire, on pourra se convaincre, par le caféomètre, que les degrés de pondération, pour chaque tasse, sont entièrement à l'avantage de l'infusion à l'eau froide.

Comme, par l'infusion à l'eau chaude et à l'eau froide, l'extraction des principes solubles est plus lente, pour que la filtration soit moins longue, on peut verser la veille, sur le Café en poudre, la quantité d'eau que le marc doit absorber, quantité que nous avons indiquée pour chaque tasse; le lendemain matin on n'a qu'à verser le nombre exact de tasses que l'on veut obtenir.

Le Café , fait ainsi à l'avance , n'en sera que meilleur; car on sera obligé de le réchauffer, et il est reconnu que le Café réchauffé acquiert un degré de qualité de plus.

CHAPITRE XXX.

DU CAFÉ RÉCHAUFFÉ.

L'appareil le plus convenable pour réchauffer le Café est le bain-marie, tel que celui qu'Harel a établi pour ses cafetières en terre de Sarguemine.

Après avoir, la veille ou le matin, préparé son Café, soit par l'infusion à l'eau froide, soit par l'infusion à l'eau chaude, et avoir eu soin de tenir la cafetière hermétiquement fermée, on place, quelque temps avant de servir, le bain-marie sur le feu; puis un quart d'heure avant d'apporter le Café sur la table, on place la cafetière, toujours bien close, dans

le bain-marie ; on peut également les mettre
tous les deux ensemble sur un feu doux, une
demi-heure au plus avant de servir.

Cette continuité d'une douce chaleur dé-
gage du Café l'huile volatile essentielle, qui
constitue la partie aromatique du Café, qui
en fait toute la bonté, et qu'on voit nager à
la surface des tasses quand la liqueur a été
bien préparée ; l'on obtient ainsi, avec moins
de soin que par les procédés de l'ébullition et
de l'infusion à l'eau bouillante, un Café fini,
véritable nectar des gourmets.

Ceux qui n'auraient pas de bain-marie,
peuvent simplement exposer la cafetière bien
close, une heure avant le dîner, assez près
du feu pour que le Café puisse être bien
chaud, car c'est une des conditions essen-
tielles, et assez loin pour qu'il ne puisse ni
bouillir ni même frémir, car on lui enleve-
rait par là son parfum et sa qualité. Mais
alors il est indispensable que la cafetière soit
bien pleine, autrement il contracterait ce

goût désagréable qu'ont tous les liquides que l'on expose devant le feu dans des vaisseaux non remplis. On n'est pas sujet à ces inconvé-niens avec le bain-marie ; la chaleur venant de dessous , et étant communiquée par le contact de l'eau , on peut mettre dans la ca-fetière la quantité de liqueur que l'on veut , sans l'exposer à prendre un mauvais goût.

On peut conserver du Café infusé dans des bouteilles bien bouchées ; on en verse au fur et à mesure dans une cafetière bien fermée de son couvercle , et on l'expose au bain-marie. Ce procédé est d'une grande ressource pour les voyageurs.

CHAPITRE XXXI.

DU MARC.

Quelques personnes, après avoir infusé
leur Café à l'eau bouillante, ou l'avoir jeté
dans l'eau en ébullition, qui non seulement
a extrait tous les principes aromatiques et
agréables, mais encore a, par sa chaleur excessive, détaché jusqu'aux arrière-principes,
font rebouillir le marc, pour jeter le nouveau
produit écoulé qu'ils obtiennent sur du nouveau Café; que veulent-ils donc obtenir? Ils
croient donner à la boisson un degré de force
de plus, mais ils se trompent étrangement.
Ils agissent par économie, car ils comptent

qu'ils auront besoin d'une moindre quantité de Café, et leur calcul est tellement faux, qu'ils brûlent inutilement du charbon ou du bois pour obtenir une eau, à laquelle on a donné le nom de *thé levé*, qui ne contient aucun principe de Café, ainsi qu'on pourra s'en convaincre avec le caféomètre.

On ne doit pas faire rébouillir le marc du Café infusé à l'eau froide ou à l'eau chaude ; nous avons vu que l'eau froide même enlevait au Café tous ses principes immédiats les plus solubles. Il faut renoncer à cette méthode, qui n'est guère employée que par ceux qui ont en vue un but d'économie, et qui obtiennent un résultat tout contraire au but qu'ils se proposent, puisqu'ils emploient du combustible en pure perte.

CHAPITRE XXXII.

ANALYSE DU CAFÉ.

Le Café a été analysé par Lémery, Lefêvre, Neumann, Bourdelin, Geoffroy, Rihiner, et par plusieurs chimistes modernes distingués, tels que Payssé, Chenevix, Grindel, Herman, etc. Nous allons donner d'abord l'analyse du Café, telle que l'ont faite les chimistes qui ont écrit alors que la science était moins avancée ; nous la ferons suivre de celle qu'en a donnée M. Cadet-Gassicourt.

Le Café, selon les anciens chimistes, contient une grande portion d'acide, un extrait gommeux, résineux et astringent, beaucoup d'huile, du sel fixe et du sel vôlatil. Le feu détruit son goût de crudité et la partie aqueuse de son mucillage. Il le dépouille de ses propriétés salines, et rend son huile empyreumatique ; d'où lui vient cette odeur piquante qui réveille et fait plaisir, le feu agissant sur les huiles végétales de la même manière que sur les viandes qui, étant grillées, acquièrent une odeur agréable qui excite l'appétit.

ANALYSE D'APRÈS CADET-GASSICOURT.

Soixante-quatre parties de Café brut ont donné :

Gomme.	8
Résine.	1
Extrait et principe amer. . . .	1
Acide gallique.	3,5
Albumine.	0,14
Matière fibreuse et insoluble.	43,5
Perte.	6,86
	64 »»

, A ces produits on doit ajouter ceux que contiennent presque tous les végétaux, savoir : de la chaux, de la potasse, du fer, etc.

Chenevix a trouvé que la torréfaction ajoute un nouveau principe, en très-petite quantité, qui est le tannin.

D'après Armand Séguin, et Robiquet et Pelletier, qui ont également analysé le Café, cette graine contient :

Un peu d'huile volatile concrète;

De l'albumine;

De la gomme ou mucillage;

Un principe amer;

Une huile concrète, blanche, fusible à vingt-cinq degrés.

Une substance oléo-résinoïde colorée.

Robiquet a de plus découvert dans le Café non torréfié un corps cristallisable en belles aiguilles soyeuses, auquel il a donné le nom de *caféine ;* cette substance n'est ni acide, ni alcaline ; à une douce chaleur, elle se fond, se volatilise en aiguilles, assez semblables à celles de l'acide benzoïque. Sa décomposition offre beaucoup d'azote.

Chenevix avait obtenu cette substance, en traitant une infusion de Café cru par le muriate d'étain, et décomposant le précipité par l'hydrogène sulfuré.

CHAPITRE XXXIII.

MODIFICATIONS DIVERSES DANS L'USAGE DU CAFÉ EN BOISSON.

Le Café, dans l'état où il est servi sur nos tables, est appelé par les Égyptiens *Elkarie*, les Persans le nomment *Cahwa*; les Arabes *Cachua* ou *Coava*; les Turcs *Chauvé* ou *Cahué*; d'où tirent leur origine : *Café* (français, espagnol, portugais); *Caffe* (italien); *Coffee* (anglais); *Koffij* (hollandais); *Kaffee* (allemand); *Kaffe* (danois), noms sous lesquels cette boisson est généralement connue en Europe.

Chez les Orientaux le Café (Cahué), est regardé comme une des choses nécessaires à la vie. Il leur en faut tous les matins une tasse à leur déjeûner et à l'issue de leurs repas, outre celui qu'ils prennent dans les visites qu'ils vont rendre. Ils le boivent, il est vrai, dans des tasses, appelées *fingians*, une fois moins grandes que celles dont nous avons coutume de nous servir ici ; encore ne les remplit-on pas tout à fait. On ne se sert point de cuillers, parce qu'on ne met pas de sucre dans le Café.

A Constantinople, dans les grandes maisons, il y a un officier particulier, appelé *kah-véghi*, qui n'a pas d'autre emploi que celui de faire cuire le Café ; car c'est ainsi que les Turcs s'expriment en parlant de sa préparation. Ils disent aussi en leur langue *boire du Café*, et non pas *prendre du Café*. Cette liqueur est ensuite versée par un *itchoglan*, espèce de page ou valet de chambre.

Les Orientaux boivent par jour jusqu'à trois ou quatre onces (neuf à douze tasses) de Café chaud, épais, qu'ils appellent *agir Ca-hué*, sans lait et amer.

Ce sont les chrétiens de Constantinople qui,

les premiers, se sont avisés d'adoucir le Café avec du sucre.

Le Grand-Seigneur met dans chaque tasse une goutte d'essence d'ambre; quelques-uns font bouillir le Café avec un peu de badiane ou anis des Indes, que les Turcs appellent *badian hindi*; d'autres avec deux clous de girofle, rompus en deux, de la canelle, des grains de cumin, ou enfin du *cacouleh*, qui est la graine du cardamum minus.

Pour diminuer l'activité de la boisson, les Orientaux, dans leurs cafés publics, distribuent des graines de melon.

Avec la pulpe de la cerise on fait en Arabie, en Turquie et en Perse, une boisson agréable et rafraîchissante. Dans ces diverses contrées, on prépare avec les coques desséchées et grillées sans les graines, une infusion à laquelle on donne le nom de *Café à la sultane*; mais cette boisson est, dit-on, peu agréable, et analogue à une forte infusion de thé qui serait aigrelette.

On donne aussi le nom de *Café à la sultane* à la décoction légère des féves crues.

Les Orientaux emploient quelquefois, concurremment avec la féve de Café, l'espèce de coque ou enveloppe coriace qui la recouvre ; ils prétendent que la liqueur est meilleure. J'en ai fait l'essai moi-même sur du Café de la Martinique, arrivé en coques, et j'ai trouvé effectivement que la liqueur était bien supérieure à celle que donne le Café dépouillé de son parchemin.

En Europe, on ne fait généralement usage que de la féve, torréfiée et broyée, en infusion. Quelques personnes prennent le Café amer; mais le plus grand nombre l'adoucit en y mettant du sucre.

Le mélange du Café et de l'eau-de-vie ou du rhum, répudié par le bon ton, et auquel on a donné le nom trivial de *gloria*, ne peut convenir qu'à des palais blasés.

CHAPITRE XXXIV.

CAFÉ A LA CRÈME OU AU LAIT.

Le premier qui mit en usage le Café au lait, à l'imitation du thé au lait, fut Nieuhoff, ambassadeur hollandais en Chine.

Si le Café à l'eau est favorable à presque tous les tempéramens, il n'en est pas ainsi du Café à la crême. Ce mélange, formé par l'union butireuse du lait avec l'huile essentielle du Café, est difficilement digéré par l'estomac.

Le Café à la crême altère puissamment la lymphe; il est surtout contraire aux femmes; il donne naissance aux fleurs blanches, et à plusieurs autres incommodités.

Il est contraire aux pituiteux, aux personnes sujettes aux glaires, et à celles chez qui le système nerveux est irritable. Il n'est guère favorable qu'à ceux dont les humeurs ne sont pas épaisses, et jouissent de leur fluidité naturelle.

C'est donc avec peine que l'on voit le peuple adopter, pour sa nourriture habituelle du matin, le Café au lait, qui convient à fort peu de tempéramens, et dont le moindre inconvénient est de relâcher l'estomac.

Engageons donc les personnes qui mettent quelques cuillerées de crême dans leur Café, après le repas, à renoncer à cette mauvaise habitude ; le mélange du lait avec le Café détruit l'effet digestif de ce dernier.

CHAPITRE XXXV.

DÉCOCTION DU CAFÉ CRU.

La décoction du Café cru s'opère en faisant bouillir un gros de Café (deux pincées), pilé bien fin, ou simplement bien mondé de son écorce, pendant l'espace d'un quart d'heure, dans une chopine d'eau.

On retire ensuite la liqueur du feu, et après l'avoir laissée reposer, dans un vase bien clos, pendant quelque temps, on la laisse sur le marc, et on la boit bien chaude avec du sucre.

Cette liqueur, qui est d'une belle couleur citrine, et que quelques-uns ont nommée *Café à la sultane*, a un goût agréable.

13

On attribue à la décoction du Café non brûlé plusieurs vertus salutaires. On vante surtout ses effets dans la goutte, la suppression des écoulemens périodiques chez les femmes, les fleurs blanches, les catarrhes, les dartres, les humeurs froides, les tumeurs, les engorgemens, les maux de tête, les indigestions.

Une décoction de Café cru est un excellent diurétique ; on la prescrit souvent avec succès dans l'hydropisie, particulièrement dans les cas où la maladie dépend de quelque obstruction du foie ; on recommande dans la gravelle une décoction de Café cru, édulcorée avec du miel.

La décoction de Café non brûlé fortifie l'estomac, corrige les crudités, et adoucit particulièrement l'âcreté des urines.

Quelques personnes, au lieu de faire bouillir le Café cru dans l'eau, pour en tirer la teinture, emploient la même méthode que celle usitée pour extraire la teinture du thé.

CHAPITRE XXXVI.

EFFETS DU CAFÉ.

Le Café convient en général à tous les tempéramens ; tout le monde peut donc en user, mais personne ne doit en abuser.

On lui attribue un grand nombre de vertus salutaires. Le Café bien préparé, s'il faut en croire Moseley, docteur en médecine au collège royal de Londres, est un préservatif contre la faiblesse d'estomac, auquel il donne de la force, en augmentant l'énergie du fluide vital ; il aide la digestion, corrige les crudités, accélère la circulation du sang, dessèche

l'humidité du corps ; il fait passer la colique
causée par les flatuosités ou les vents.

A la vertu qu'il possède comme tonique et
fortifiant, le Café joint l'avantage de communiquer à toute l'économie animale une chaleur qui lui est favorable.

Il convient particulièrement aux femmes,
dont l'estomac est faible ; il les préserve des
pâles couleurs et des inconvéniens auxquels
est sujet le sexe féminin ; il provoque les éva-
cuations périodiques.

En Égypte et en Arabie, les femmes l'emploient avec avantage dans le temps de leurs
couches. En Amérique, on le regarde comme
un excellent stimulant à l'époque de la pu-
berté.

Le Café dissipe la nonchalance et la lan-
gueur chez les personnes dont le genre nerveux est affaibli par les excès ; il prévient l'é-
paississement des fluides, et provoque la
transpiration ; c'est en outre un des plus
puissans diurétiques, et un excellent fébrifuge.

Le Café est, jusqu'à un certain point, anti-
septique; mais c'est surtout un puissant anti-
spasmodique. Plusieurs médecins anciens ont
vanté ses effets dans les cas de *Choléra-mor-
bus,* et M. le baron Larrey, dans son rapport
à l'Académie de Médecine de Saint-Pétersbourg sur ce terrible fléau, en recommande
l'usage.

Le docteur Percival, de Manchester, rapporte qu'un jour, s'étant réveillé avec un
grand mal de tête, il but quatre tasses d'une
forte infusion de Café ; au bout d'une demi-
heure, la douleur cessa. Il répéta plusieurs
fois cette expérience, et le résultat en a toujours été le même.

Un remède populaire, contre certaines
fièvres intermittentes, est une forte décoction de Café, coupée de moitié de jus de ci-
tron.

Respirer le Café chaud, ou sa vapeur lors
de la torréfaction, est le seul remède employé
dans les Indes orientales contre les maux de

tête, qui y sont très-fréquens, et beaucoup
plus violens que dans nos contrées.

Les Turcs et les Arabes prennent, dit-on,
une grande quantité de Café, pour corriger
les effets narcotiques de l'opium, dont ils font
un grand usage.

Ce grain précieux, outre ses propriétés salutaires, ajoute aux agrémens de la vie, et
aujourd'hui l'usage du Café est devenu un
besoin impérieux jusque dans les plus basses
classes du peuple. En agissant sur l'estomac
et le cerveau, il exérce une grande influence
sur les facultés intellectuelles; il inspire la
joie, chasse le chagrin, dissipe la mauvaise
humeur, compagne obligée des mauvaises di-
gestions, abat les vapeurs du vin, et laisse
dans la bouche un parfum qui fait oublier le
goût des viandes.

Bâcon dit que le Café soulage la tête et le
cœur; en effet, il vainc la propension au
sommeil, et aide à supporter la fatigue de l'é-
tude et des veilles; il fouette l'imagination,

donne de l'activité, et peut être même de l'esprit. C'était la liqueur favorite de Voltaire, Fontenelle, Francklin, et de Jacques Delille, qui a si bien dépeint ses effets dans ces vers, connus de tout le monde, mais qui trouvent ici naturellement leur place :

A peine j'ai goûté ta liqueur odorante,
Soudain de ton climat la chaleur pénétrante
Agite tous mes sens ; sans trouble, sans cahots,
Mes pensers plus nombreux arrivent à grands flots.
Mon idée était triste, aride, dépouillée,
Elle rit, elle sort richement habillée,
Et je crois, du génie éprouvant le réveil,
Boire, dans chaque goutte, un rayon du soleil.

« Les Arabes, dit M. Virey, indépendamment de leur climat sec et ardent, qui rend leur complexion grêle et nerveuse, ainsi qu'on le remarque parmi les Bédouins, doivent au Café qu'ils prennent assidument, une partie de leur mobilité impétueuse, de leur vivacité d'esprit, du feu de leur imagination, de ce

caractère d'indépendance, ou même de cette
liberté exagérée qui fait leurs délices, et qui
les maintient indomptables et fiers dans leurs
arides solitudes. Ils puisent encore, dans
cette boisson et les longues veilles qu'elle dé-
termine, l'amour des contes de fées, de ces
ingénieux badinages des Mille et une Nuits,
dont ils savent charmer leurs fortunés loisirs.
Voyez les assis en cercle, près de leur tente
patriarcale, autour d'un petit feu de bouse
de chameau desséchée. Là est une poêle, per-
cée de trous, dans laquelle rôtit la féve du
bunn, ou le Café Moka et sa coque, parce
qu'ils ne séparent pas toujours celle-ci comme
inutile ; deux pierres plates ont bientôt broyé
le *Kahwa-modjahham*, ou Café avec sa coque,
en une poudre presque impalpable. L'eau
bouillante est préparée dans l'*ibrik* ou la cafetière; on y jette cette poudre. Si l'on emploie
la graine de Café avec la coque, la boisson se
nomme *bunniya* ; mais si l'on se contente de
la seule coque grillée (ou ce qu'on appelle en

Europe du Café à la sultane), la boisson se nomme *Kischériya.* On agite le mélange, et sans qu'il dépose, mais encore tout épais et chargé de la poudre fine, on le verse bouillant dans de petites tasses de cuir, et on le savoure ainsi par petites gorgées, sans sucre, sans lait, sans aucun mélange étranger qui en adoucisse ou déguise l'amertume; cependant l'assemblée, accroupie sur des nattes ou des peaux de chameaux, prépare un tabac, tantôt parfumé de bois d'aloès, tantôt mêlé d'un peu d'opium, dans de longues pipes de terre de Trébisonde ou d'écume de mer, et pendant que chacun fume gravement, le schéik ou le vieillard engage un jeune homme à réciter, soit l'Histoire des amours de Soleyman (Salomon), soit quelque autre conte oriental, soit à chanter une complainte. Cependant, la préparation du Café continue, et de temps en temps l'échanson, et souvent le Ganymède de la troupe, renouvelle les doses de cette noire décoction dans les tasses

flexibles, ces fidèles compagnes de nos vaga-
bonds Bédouins; souvent on passe toute la
nuit, sous ces heureux climats, à s'abreuver
chacun de vingt à trente tasses de Café. »

Berchoux, dans son poëme de la *Gastro-
nomie*, a célébré, après Delille, les effets délicieux du Café :

Le Café vous présente une heureuse liqueur
Qui d'un vin trop fumeux chassera la vapeur.
Vous obtiendrez, par elle, en désertant la table,
Un esprit plus ouvert, un sang-froid plus aimable ;
Bientôt, mieux disposé, par ses puissans effets,
Vous pourrez vous asseoir à de nouveaux banquets ;
Elle est du dieu des vers honorée et chérie.
On dit que du poète elle sert le génie ;
Que, plus d'un froid rimeur, quelquefois réchauffé,
A dû de meilleurs vers au parfum du Café.
Il peut du philosophe égayer les systèmes,
Rendre aimables, badins, les géomètres mêmes.
Par lui l'homme d'état, dispos après dîner,
Forme l'heureux projet de nous mieux gouverner.
Il déride le front de ce savant austère,
Amoureux de la langue et du pays d'Homère,

Qui, fondant sur le grec sa gloire et ses succès,
Se dédommage ainsi d'être un sot en français.
Il peut de l'astronome éclaircissant la vue,
L'aider à retrouver son étoile perdue :
Au nouvelliste, enfin, il révèle par fois
Les intrigues des cours et les secrets des rois,
L'aide à rêver la paix, l'armistice, la guerre,
Et lui fait pour huit sous bouleverser la terre.
Viens, aimable Lysbé ! que tes heureuses mains
Nous versent à longs traits ce nectar des humains,
Dans ces vases brillans où l'argile s'étonne
Des formes, des couleurs, de l'éclat qu'on lui donne.
Que vois-je ? leur albâtre a défié ton sein !
L'or le plus pur ajoute aux grâces du dessin :
A mes regards surpris la coupe enchanteresse
Offre les traits du dieu qu'adore la jeunesse.....
En vain de la raison j'invoque le retour,
Le breuvage se change en un philtre d'amour.

Le père Vanière, dans le VIIIe livre de son
Prædium Rusticum, a décrit en beaux vers latins
les bons effets du Café ; mais le poème le plus
remarquable, composé sur ce sujet, est celui
de Guillaume Massieu, inséré dans les *Poemata
Didascalica.* On trouve à la suite celui de

Th.-Bern. Fellon, intitulé *Faba Arabica*.

Le Café convient particulièrement aux tempéramens froids, aux personnes replètes, pituiteuses, phlegmatiques et sédentaires, et en général à tous ceux que leur constitution expose aux rhumatismes, aux catharres, à la gravelle. Ces deux dernières incommodités sont presque inconnues chez les Orientaux qui font un usage immodéré du Café.

Le docteur John Pringle assure que le Café pris, aussitôt qu'il a été grillé et moulu, à la dose d'une once par tasse, de quart d'heure en quart d'heure, sans lait et sans sucre, est le meilleur palliatif contre les accès d'asthme périodique.

Le Café n'est contraire qu'aux personnes mélancoliques, d'un tempérament sec, ardent, bilieux et sanguin; il convient moins aux personnes dont le genre nerveux est très-irritable; mais le Café léger, bien fait, et pris en petite quantité, n'incommodera jamais personne.

Le Café a eu ses détracteurs ; on a prétendu qu'il rendait impuissant, en affectant
les organes de la génération. Peut-être le
conte suivant a-t-il donné naissance à cette
opinion, qui n'est plus accréditée aujourd'hui.

On raconte qu'une reine de Perse s'amu-
sait un jour à considérer, dans une des cours
de son palais, plusieurs palefreniers qui faisaient des efforts inouïs pour renverser un
cheval. Elle voulut savoir la raison de tant
de mouvemens. On lui expliqua de la manière la plus convenable, que c'était pour le
faire hongre. « Que ne lui donne-t-on du
Café, répondit-elle ; depuis quatre ans que le
roi, mon époux, en prend, l'opération est
toute faite pour lui. »

Ce serait une grave erreur que de croire
que le Café rend impuissant ; car les Orientaux, qui prennent du Café en bien plus
grande quantité que nous, ont des familles
aussi nombreuses que les nôtres.

Dunkan, médecin du XVIIe siècle, a prétendu que le Café renfermait des substances malignes et dangereuses. Nous ne répéterons pas, à cette occasion, le mot si connu de Fontenelle, à qui l'on représentait que c'était un poison lent; nous dirons seulement que Delille en buvait jusqu'à douze tasses par jour, et que le Café, loin d'être d'un usage dangereux, est au contraire une boisson des plus salutaires. Enfin, le meilleur argument en sa faveur est que, non seulement il se consomme en Europe annuellement près de 50 millions de livres pesant de Café pur, mais que de nombreuses imitations de cette liqueur sont en usage dans nos contrées. Cependant, on doit dire que la consommation n'est plus si forte aujourd'hui qu'il y a 30 ans : en 1819, les approvisionnemens ont diminué de 37,257,000 livres de Café, sur 69,378,000 qu'ils étaient auparavant. Il n'a donc été consommé cette année que 32,123,000 livres de Café, qui, réparties entre 160 millions d'habitans, donnent 4 livres 1/4 par tête.

CHAPITRE XXXVII.

RÉSUMÉ.

PRÉCAUTIONS NÉCESSAIRES POUR AVOIR TOUJOURS D'EXCELLENT CAFÉ.

1° Choisir un Café de bonne qualité, qui n'ait aucun goût de moisi, bien sec et non mariné.

2° Torréfier à un point convenable, et, autant que possible, seulement la mesure exigée par la consommation de la journée.

3° Moudre bien menu, ou mieux encore, piler la quantité nécessaire seulement à l'infusion du jour.

4° Laisser le moins d'intervalle possible entre la torréfaction et l'infusion.

5° Proscrire à jamais les vases de fer-blanc; les remplacer par des cafetières en porcelaine, en faïence ou en grès, dont le filtre soit en étain.

6° Substituer à l'eau bouillante, pour l'infusion du Café, l'eau chaude (50 à 60 degrés), ou même l'eau froide, comme lui conservant seules les qualités qui le rendent digestif, et qui font qu'il réjouit l'estomac et recrée le cerveau.

7° Préparer son Café la veille ou le matin du jour où on veut le prendre.

8° Le faire réchauffer à une certaine distance du feu, sans qu'il bouille ni frémisse, une heure avant le dîner; ou une demi-heure avant de le servir, si l'on fait usage du bain-marie.

9° Rejeter le marc comme n'ayant plus aucune vertu; l'eau chaude ou froide ayant dépouillé le Café de tous ses principes solubles.

CHAPITRE XXXVIII.

IMITATIONS DE CAFÉ.

Le prix élevé du Café avait engagé, dès 1786, plusieurs spéculateurs à lui substituer différentes substances, réduites en poudre, que l'on employait seules, ou que l'on mélangeait avec le véritable Café.

L'Académie des Sciences de Saint-Pétersbourg a découvert que le gland de chêne, épluché et torréfié jusqu'à ce qu'il ait acquis la couleur marron, avait des vertus analogues à celles du Café, et qu'il pouvait le remplacer.

Il paraît que cette propriété du gland de

14

chêne était déjà connue en France; car, il y a environ cinquante ans, le suisse d'un grand seigneur s'avisa de griller des glands de chêne qu'il mêlait avec du Café; il vendit ce mélange à meilleur marché que le Café pur qui se débitait alors; tout le monde courut chez lui, et le suisse fit fortune.

Le seigle grillé est employé en boisson caféiforme par les habitans des montagnes de la Virginie; on l'emploie également en Europe, ainsi que les pois chiches, l'avoine, l'orge, l'iris des marais, la racine de scorsonère, les semences du genêt commun, les fèves de haricots, etc. Ce sont ces légumes ou ces racines qu'on substitue au véritable Café dans le Café au lait du peuple.

M. Vander-Plaat propose l'usage de l'*Astragalus bæticus*, comme succédanée du Café. (*Konst en letter bode*, octobre 1825.)

La racine de chicorée sauvage, que l'on a fait sécher, que l'on a torréfiée, après l'avoir coupée par morceaux, et que l'on a pulvé-

risée, forme la base de presque tous les mé-
langes introduits dans le Café.

Les drogues, qui forment ces différentes
compositions, donnent une couleur brune
aux infusions qu'on en fait; mais, loin de
posséder les propriétés du véritable Café,
elles n'ont qu'un très-mauvais goût, et une
odeur fade. Elles ont pris le nom de *Café
français*, et plus généralement de *Café chicorée*, car cette dernière substance est souvent employée seule.

La cherté du Café, pendant les guerres
que la France eut à soutenir contre l'Europe entière, sous le règne de Napoléon, a
donné naissance à la fabrication en grand du
Café de chicorée, nouveau genre d'industrie
dont se sont emparés les départemens du nord
et la Belgique.

L'usage de la boisson de chicorée sauvage
torréfiée est commune en Allemagne. Le prix
modique de cette falsification du Café fait
que, malgré la diminution du prix du véri-

table Café, il s'en consomme encore en France des quantités considérables, que nous tirons principalement de nos départemens du nord.

FIN.

Table

1786

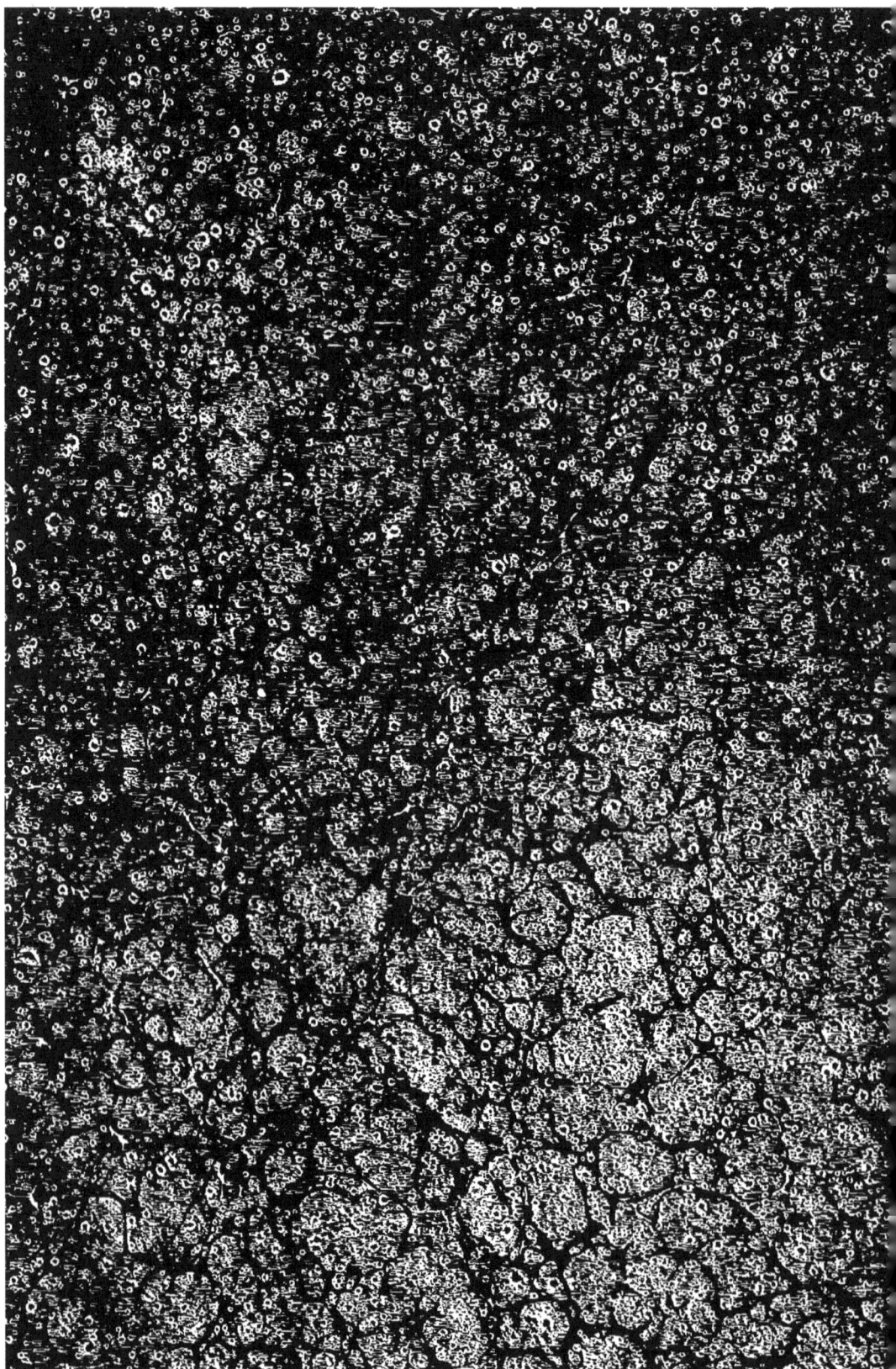

www.ingramcontent.com/pod-product-compliance
Lightning Source LLC
Chambersburg PA
CBHW070501200326
41519CB00013B/2664